澳洲坚果
周年管理技术

王文林 / 编著

中国农业出版社
北京

—— 编写人员名单 ——

主　　编　王文林　覃振师　郑树芳　曾　辉

副 主 编　谭秋锦　黄锡云　张　涛　许　鹏　陈海生
　　　　　　陶　亮

参编人员　王文林　覃振师　郑树芳　曾　辉　谭秋锦
　　　　　　黄锡云　张　涛　许　鹏　陈海生　陶　亮
　　　　　　韦媛荣　韦哲君　谭德锦　何铣扬　周春衡
　　　　　　潘贞珍　汤秀华　环秀菊　宋海云　潘浩男
　　　　　　贺　鹏　陈　茜　杨小州　康专苗　涂行浩
　　　　　　钟剑章　徐冬英　樊灵丹　莫庆道　覃潇敏
　　　　　　杨　迪　宋喜梅　帅希祥　耿建建　郭广正

参编单位　广西南亚热带农业科学研究所
　　　　　　中国热带农业科学院南亚热带作物研究所
　　　　　　云南省热带作物科学研究所
　　　　　　贵州省亚热带作物研究所

前　言

　　澳洲坚果（*Macadamia* spp.）又名澳洲胡桃、夏威夷果、昆士兰坚果等，属山龙眼科（Proteaceae）澳洲坚果属（*Macadamia*）。澳洲坚果原产于澳大利亚昆士兰东南部和新南威尔士东北部沿岸的亚热带雨林地区，目前主产区包括澳大利亚、美国、肯尼亚、南非、哥斯达黎加、危地马拉、巴西、中国等国家的热带地区。其果仁营养丰富，素来有"干果皇后""坚果之王"的美称，被誉为世界上最佳的食用坚果，现已成为当今世界新兴的、营养价值丰富、商品价值高的果树之一。

　　在我国，澳洲坚果的主产地是云南和广西，广东、贵州、四川等省份近年也开始推广种植，栽培面积达460多万亩，位居世界第一位。因产业发展过快，面积不断扩大，育苗技术、栽培管理水平跟不上，同时，危害澳洲坚果的病虫害种类不断增多，对澳洲坚果的产量和品质造成了较大的影响。为提升种植户的育苗、种植管理水平，普及植保知识，推广科学的管理技术，确保产量、原料安全，从而促进我国澳洲坚果产业的可持续发展，编者吸收参考国内外澳洲坚果研究成果，结合编者的实践管理经验，编写了本书。本书着重介绍了澳洲坚果主栽品种、育苗管理、幼树管理、结果树管理、间套种管理以及病虫害防治管理等方面内容，希望能供种植者以参考。

由于编者水平有限，加上编写时间仓促书中难免会有疏漏之处，敬请广大读者批评指正。

编　者

2024年1月

目 录

前言

第一章　澳洲坚果产业发展概况

一、澳洲坚果概述

澳洲坚果（*Macadamia* spp.）又名澳洲胡桃、夏威夷果、昆士兰坚果等，属山龙眼科（Proteaceae）澳洲坚果属（*Macadamia*）。澳洲坚果原产于澳大利亚昆士兰东南部和新南威尔士东北部沿岸的亚热带雨林地区（南纬25°—32°），是澳大利亚本土植物中唯一一种被驯化成为世界性栽培的油料树种。

澳洲坚果的起源可以追溯到6 000多万年前，澳洲东北部沿海的土著居民开始采集和食用澳洲坚果。1857年植物学家费迪南德·冯·穆勒（Ferdinand von Mueller）和沃尔特·希尔（Walter Hill）在昆士兰州布里斯班的莫里顿湾发现了这一树种，并建立了山龙眼科一新属——澳洲坚果属。费迪南德·冯·穆勒为了纪念好友兼著名科学家约翰·马卡丹博士（Dr. John Macadam），所以将首次发现的果树命名为*Macadamia*，即澳洲坚果树，而果树所结的圆球形并带有青色果皮的果实即是澳洲坚果。随后，植物学家沃尔特·希尔在世界各地建立了许多小型的澳洲坚果园以采集这种富含油脂且美味的果实。

19世纪80—90年代期间，美国园艺学家及船员把澳洲坚果作为园艺树木从澳大利亚带至美洲，并在夏威夷进行了播种。第二次世界大战以前，澳洲坚果被作为园艺树木，最开始没有作为商业性品种进行大规模种植推广，后来由于小型的澳洲坚果果园采用树苗的产量和品质均不稳定，澳洲坚果大规模的商品性生产未能成功。1948年，由园艺学家W.B.斯托雷（W.B.Storey）选育出的5个商业性澳洲坚果品种通过鉴定后，澳洲坚果优良品种不断推出，这时开始了商业性大面积发展澳洲坚果，也大大推动了商业性坚果种植园的扩大发展。因而，真正的澳洲坚果商品生产是从20世纪50—60年代开始起步的。到1980年，除美国和澳大利亚外，南非、肯尼亚发展也较快。进入20世纪90年代世界澳洲坚果业发展迅猛，其中中国种植面积发展最为迅速，目前，我国澳洲坚果种植面积为460多万亩[*]，已位居世界第一位。

澳洲坚果为常绿乔木果树，双子叶植物，树冠高大，通常高5～15米；叶片3～4片轮生，长5～15厘米，宽2～3厘米，披针形、革质、光滑，边缘有刺状锯齿；总状花序腋生，花乳白色；果呈圆球形，直径约2.5厘米，果皮革质，内果皮坚硬，种仁乳白色至浅棕色；适合生长在气候温和且湿润、终年无霜或轻霜、风力小的地区。果实外观如图1-1所示。

图1-1　澳洲坚果

* 亩为非法定计量单位，1亩≈667米²。——编者注

　　澳洲坚果果实横纵剖平面图如图1-2、图1-3所示。澳洲坚果果实从外到内分为外果皮（青皮）、内果膜、果壳、果仁。在前期试验观察中发现不同品种澳洲坚果在果实发育早期，内果膜呈现乳白色，会粘连在果壳表面，在果实生长发育后期，内果膜颜色会逐渐加深，会与果壳分离而黏附在外果皮（青皮）内侧，当果实成熟自然掉落后，剥开外果皮发现内果膜（青皮内层颜色）呈现棕褐色，如图1-4所示。

图1-2　澳洲坚果果实横剖平面图　　图1-3　澳洲坚果果实纵剖平面图

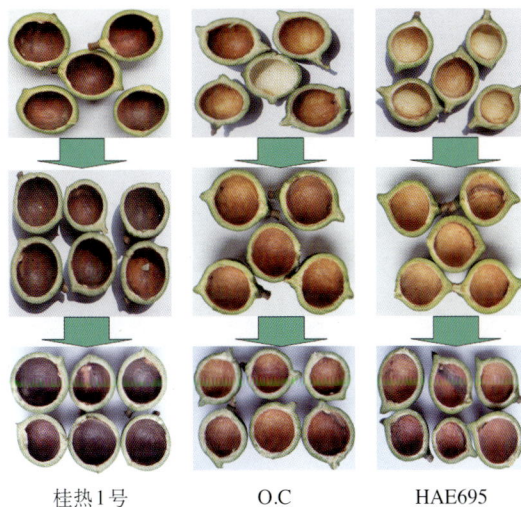

桂热1号　　　　　　O.C　　　　　　HAE695

图1-4　不同品种澳洲坚果果实成熟过程中青皮内层颜色的变化

3

澳洲坚果树型优美，冬天不落叶，四季常绿，枝叶稠密，花美丽且芳香，有很高观赏价值。澳洲坚果树根系发达，可以保持水土，涵养水源，美化绿化环境，促进生态平衡。但其主根不发达，主要根系分布于土壤浅层。因此抗风能力弱，遇到强风会使果树倒伏、树干断裂、落果，造成严重的产量损失，因此栽培上需要采取综合防治措施，提高抗风能力。澳洲坚果树可以缓慢生长到12～15米，树叶呈深绿色、有光泽；长簇状花穗，呈乳白色或粉色，每串花穗上有100～300朵小花；每穗挂果4～15颗，成熟后就是澳洲坚果。澳洲坚果一般在种植后第6～8年达产，管护到位的第3～4年可达产，第8年进入丰产期，平均单产25千克/株，以丰产期25株/亩计，亩产量达625千克，丰产期达40～60年甚至更长，生长良好的健康树，其丰产性随着树龄的增长和植株增大而增长。

澳洲坚果果仁中含油率高达70%～80%，油脂是其第一大营养成分。澳洲坚果油取自澳洲坚果果仁，一般采用压榨或者溶剂萃取获得。与橄榄油类似，其油脂中富含大量不饱和脂肪酸，主要由单不饱和脂肪酸组成，以油酸和棕榈油酸为主，且是唯一大量含有棕榈油酸的木本坚果（10%～20%）。另外，澳洲坚果油脂中还含有多种功能脂质伴随物，如生育酚、植物甾醇、角鲨烯和多酚等。

澳洲坚果油油质清香，清亮透明，熔点低，是最上等的天然色拉油，尤其是多为不饱和脂肪酸，容易被人体吸收消化，有益健康，是理想的木本油料。澳洲坚果油同时具有抗氧化、抗衰老、预防动脉硬化和心血管疾病等多重功效，因此也是一种很好的功能性食用油。近年来，随着广大消费者对澳洲坚果油保健以及日化功能的深入认识，澳洲坚果油的市场需求日益增加。

尽管目前有30多个国家在引种栽植澳洲坚果果树，但由于澳洲坚果市场供应不足，还有相当大的市场缺口，根据国际坚果协会（INC）数据显示，目前全球澳洲坚果（壳果）仅零食市场需求量约120万吨，而目前的产量仅约为31万吨，产品供不应求，国际市场上价格昂贵，随着产量逐步增加，价格也逐步下降至大众消费水平，中国已成为全球最大的澳洲坚果消费国，产品需求量将呈现指数增长，以目前10%左右的产量增长速度远无法满足零食市场需求，更无法进入到油料市场以及进一步的精深加工。未来相当一段时期内世界澳洲坚果的市场仍将呈不饱和状态，因此利用山地发展澳洲坚果种植并作为振兴乡村主要产业将获极好的社会效益和经济效益。

二、国内外产业发展概况

（一）国内外产业发展现状

1.国外产业发展现状 北纬34°至南纬30°之间为澳洲坚果种植最适宜的纬度，这个"黄金纬度带"涉及20多个国家和地区，在这条"黄金纬度带"里大多数商业性产区位于北纬16°至南纬24°之间，主产国为澳大利亚、中国、美国、南非和肯尼亚等。截至2022年，全世界澳洲坚果种植面积约为640万亩，其中中国约460万亩、南非约55万亩、澳大利亚约45万亩、肯尼亚约30万亩（图1-5）。目前澳洲坚果的主要进口国家为美国、中国、日本、德国、荷兰等，主要出口国为南非、澳大利亚、肯尼亚、美国、中国。

根据国际坚果和干果协会（INC）统计，世界坚果产量逐年上升。截至2022年，世界澳洲坚果（壳果）总产量279 508吨，较2021同比增长11%。南非产量达到68 840吨，增长42%，产量以及增长率均排第一，澳大利亚产量达52 974吨，肯尼亚产量达41 500吨，中国产量达43 094吨，排第三位，增长率为2%，仅次于南非（表1-1）。

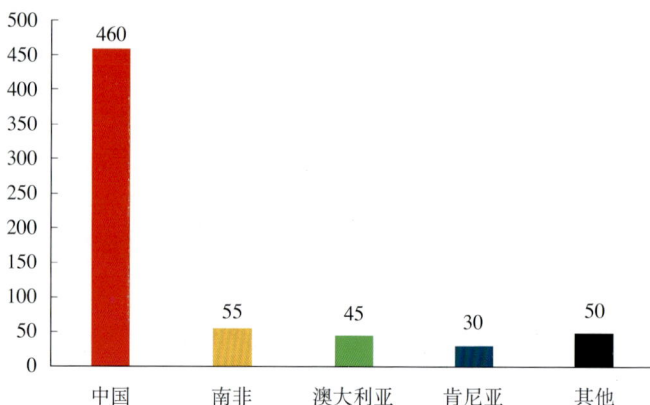

图1-5 2022年主产国澳洲坚果种植面积（万亩）

表1-1 全球澳洲坚果（壳果）产量（以3.5%含水量统计）

国家	2021年（吨）	2022年（吨）	增长率（%）
南非	48 500	68 840	42
澳大利亚	54 174	52 974	−2
中国	42 345	43 094	2
肯尼亚	38 500	41 500	8
危地马拉	14 750	15 850	7
美国	15 000	14 400	−4
越南	6 700	8 000	19
马拉维	8 000	10 400	30
巴西	5 500	6 500	18
哥伦比亚	1 300	1 050	−19
其他	16 000	16 900	6
总量	250 769	279 508	11

根据国际坚果及干果协会（INC）统计，2006—2016年，世界各国进口澳洲坚果（果仁）从14 334吨增加到31 187吨，增长了1.18倍，年均增长11.76%；出口量则从14 844吨增加到31 187

吨，增长了1.10倍，年均增长11.00%。其中2016年美国进口量为7 233吨（约占23.19%）、中国进口量为5 091吨（约占16.32%）、德国进口量为3 233吨（约占10.37%）、日本进口量为3 046吨（约占9.77%）、荷兰进口量为2 854吨（约占9.15%），合计占全世界澳洲坚果进口量的68.80%。

澳洲坚果的主要出口国为南非、澳大利亚、肯尼亚、美国、中国等国家。根据国际坚果及干果协会（INC）统计，2016年世界各国出口澳洲坚果（果仁）共计31 200吨，同比增长1.92%，其中南非出口量为7 073吨（约占22.68%）、澳大利亚6 959吨（约占22.31%）、肯尼亚4 753吨（约占15.24%）、美国2 703吨（约占8.67%）、中国2 605吨（约占8.34%）、危地马拉1 658吨（约占5.32%）、荷兰1 630吨（约占5.23%），合计占世界的87.80%。其中，中国是贸易加工国，荷兰是转口贸易国。

澳大利亚、南非等澳洲坚果主产国，主要通过成立行业协会以及大数据管理平台，引导规范种植、加工及销售全流程的关键环节，确保原料以及产品的品质，以打造知名品牌，助力本国澳洲坚果做大做强，比如：澳洲的MPC、南非的金牌等。

澳大利亚、南非等澳洲坚果种植区域基本为平地，已经全部实现机械化种植、机械化采收、全自动化初加工。作为澳洲坚果原产地的澳大利亚，是全球最大的澳洲坚果产地之一。目前，全澳洲有超过850个澳洲坚果农场，分布于南威尔士州、昆士兰州和维多利亚州。延伸1 000千米的澳大利亚东海岸，种植了约2.8万公顷，其中45%的树龄在15年以上。2020年产量为5.3万吨（带壳），产值为1.22亿澳元，只占全球坚果市场的3%，扩展空间较大。南非已成为全球澳洲坚果产业的领导者，利用自有的土地（平地）、水源、气候以及低廉的劳动成本，全面开展机械化种植，经过多年的发展，一跃成为全球产量最高的种植区，其具有成本和品种等后发优势，加之品牌运营，南非澳洲坚果已成为全球澳洲坚果标杆，主导全球澳洲坚果价格。

2.国内产业发展现状 我国澳洲坚果最早于1910年由台湾台北植物园作为标本树种引进种植，随后1931年、1954年、1958年在台湾嘉义农业试验站进行了多次的引种繁育推广，但均为实生苗种植，且为零星分布。经过多年实践，直至20世纪70年代，在粤、桂、琼、滇、黔、川、闽等省份通过引种、嫁接、建立资源圃等方式小规模试种，局部进行了较大规模发展，经过多年的发展，我国已成为世界上澳洲坚果发展最快、种植面积最大的国家，种植区域主要分布在云南、广西（表1-2）。截至2022年底，全国澳洲坚果的种植面积约464万亩，较2021年增长8.67%。其中云南省种植面积最大为379万亩，占全国种植面积的81.97%，较2021年增长7.37%；广西次之，面积为70万亩，占全国种植面积的15.09%，较2021年增长16.67%，广东种植面积为15万亩，占3.23%，较2021年增长7.14%（表1-2）。

表1-2　中国澳洲坚果种植面积

地区	2021年	2022年	占比（%）	增长率（%）
云南	353	379	81.68	7.37
广西	60	70	15.09	16.67
广东	14	15	3.23	7.14
总量	427	464		8.67

根据统计，2022年，全国澳洲坚果壳果（3.5%含水量）总产量43 094吨，较2021年的42 345吨增长1.77%（表1-3）。其中，云南产量为32 000吨（约占全国产量的74.26%），广西产量为10 244吨（约占全国产量的23.27%），广东产量为850吨（约占全国产量的1.97%）。目前全国澳洲坚果平均每亩单产63.71千克，其中，云南平均每亩单产59.47千克、广西平均每亩单产85千克、广

东平均每亩单产83.48千克。据预测，中国的澳洲坚果种植面积将保持现有数量一段时间，但澳洲坚果产量在未来10年快速增长。云南、广西地区澳洲坚果产量年增长率在10%以上，澳洲坚果的年产量将突破5万吨，届时中国将成为全球澳洲坚果的最大产区。市场消费也处于逐年稳定上升状态，一部分澳洲坚果加工产品会以出口的方式进行销售，以满足全球澳洲坚果消费增长的需求。

表1-3 中国澳洲坚果壳果产量（以3.5%含水量统计）

地区	2021年产量（吨）	2022年产量（吨）	占比（%）	增长率（%）
云南	32 080	32 000	74.26	−0.25
广西	8 765	10 244	23.77	16.87
广东	1 500	850	1.97	−43.33
总量	42 345	43 094	—	1.77

云南澳洲坚果种植以高海拔种植为主，以临沧、普洱、德宏、西双版纳、保山5个州市为主要种植区，红河州和文山州有少量种植。云南可利用山地资源丰富，加之地方政府扶持较早，产业化发展较快，种植面积为全球最大。主栽品种为O.C、HAES344、A16、A4、HAES788等，其他有大部分的实生树。

广西和广东地区主要是原桉树林、松树林改造，占了全区种植面积85%左右，其中土山种植约占70%，石漠化区域种植约占15%。近年，由于国际澳洲坚果原料竞争激烈，像洽洽瓜子、怡诚食品公司等国内知名炒货企业纷纷加入广西澳洲坚果种植行业，提升了澳洲坚果种植的立地标准，平地机械化种植是这些公司的主要种植模式。目前，区内平地机械化种植面积占了15%左右，随着劳动力成本的增加，机械化种植将会进一步扩大。主栽品种为广西南亚热带农业科学研究所选育的桂热1号和国外引进的A16、O.C、HAES695等品种。

国内澳洲坚果加工企业主要集中在华东地区和华南地区，华东地区加工厂占全国比重的45.7%，华南地区加工厂占全国比重的36.9%，其他地区加工厂占全国比重的17.4%。大多数沿海加工企业的澳洲坚果原料以进口为主，国内自产为辅，云南、广西的澳洲坚果原料以当地自产为主。国内澳洲坚果加工企业整体上数量少、规模小，大多采用半机械半手工加工，加工工艺落后，加工能力有限，产品附加值低。我国澳洲坚果加工产品仍然以开口壳果（开口笑）为主，占到市场份额的80%~90%，产品口味主要以奶油味和原味产品为主。近年来，果仁产品比例有较大程度的上升，约占20%，产品口味主要以原味产品为主，蜂蜜味、奶油味和芥末味的产品占据少量份额。其他产品，如澳洲坚果油、澳洲坚果点心、糖果、冰淇淋和化妆品所占的市场份额为1%~2%，较往年同期水平变化不大。从各类澳洲坚果产品所占市场份额来看，中国澳洲坚果消费市场仍然处于初级阶段。未来一段时间内，中国澳洲坚果主流消费产品依旧是初级加工产品——开口壳果（开口笑），但随着国内澳洲坚果投产面积的增大、产量的增多，消费者消费需求的多样化，果仁产品将不断推陈出新，繁衍更优质更全面的附加产品。广西坚果产业协会针对区内发展情况，联合相关科研院所、高校、企业针对加工过程中脱青皮难、开壳效果差、深加工技术薄弱、副产品利用率低等问题进行了攻关，初步解决了脱皮、开壳难及副产品功能性物质提取率低等问题，并确定了澳洲坚果油、澳洲坚果酒及青皮利用等深加工开发方向。

（二）国内外技术发展现状与趋势

1.国外技术发展现状与趋势

（1）育种方面 澳大利亚的澳洲坚果育种始于1948年，充分利用本国得天独厚的野生资源优势，先后对近10 000个入选材料进行了筛选，通过观察环境适应性和产品优良性，选出以

O.C、H2、A4、A16等为代表的优良品种或单株90多个，为澳大利亚本国澳洲坚果产业发展奠定了良好的基础。美国澳洲坚果的育种始于1934年夏威夷大学农业试验站（HAES），选出了HAES344、HAES246、HAES333、HAES660、HAES695等一批优良品种。随着市场对果实的要求越来越高以及种植成本的提高对品种提出了更高的要求，国外品种选育目标在于果实更大、出种率更高、出仁率更大、树形开张、早结丰产以及抗性更强的品种，同时澳大利亚逐年推出更优品种，主导全球澳洲坚果种植。国外品种选育已趋向分子辅助，大大加快了品种选育效率。

（2）栽培方面　澳大利亚和南非等为主要的先发地区在栽培技术研究方面已经形成了成熟的技术体系，支撑了以平地机械化为主的种植。特别是在树体营养、授粉、病虫害防治等方面已从大田试验进入到生理研究并逐步深入宏基因组的研究，研究积累较好地支持亩产达到600千克以上。

（3）加工方面　果实成熟落地后，澳大利亚、美国等澳洲坚果主产国已实行机械化采收，包括脱青皮等初加工同步完成，青皮经粉碎后回田，整个过程全部实现了自动化，使采收到初加工时间间隔短，很好地保持了原料品质。在加工产品方面，国外已实现多元化发展，除了常见的带壳果、果仁产品外，深加工方面已经涉及高端食用油、澳洲坚果利口酒、高端化妆品、多样化零食等产品。

2.国内技术发展现状与趋势

（1）育种方面　在云南、广西、广东、贵州等澳洲坚果栽培区均有相应的科研机构作为技术支撑。在育种方面以早期的国外品种引进筛选为主，筛选出了适合地方气候特点的品种，支撑了早期我国澳洲坚果产业起步发展。近年来，国内科研机构持续开展品种选育，逐步选育出了自主品种，实现了品种自主选育的零突破。目前，广西自主选育的桂热1号成为国内首个国家品种，标志着我国澳洲坚果品种选育的新进展。广东选育出了南亚系列品种，云南选育出云研系列品种，大大补充了我国澳洲坚果品种的不足。目前，我国自主选育品种13个，相对于500余万亩的巨大规模，品种的多样性依然不足。

（2）**栽培方面** 我国澳洲坚果大部分种植地为山地，需要加强开展山地机械采收及青皮就地去除技术等方面的研究与应用，以大幅度提高澳洲坚果在采收与初加工环节的生产效率和改善澳洲坚果种植的农业生态环境保护水平。近年来，国家提出发展新型农业生产模式，信息智能与生态安全农业是必然趋势。随着信息和智能技术的发展和应用，美国、日本和欧洲等发达国家和地区在现有的基础上，相继在研究田间自动行走的喷药、除草等智能导航农业机械或机器人。随着5G和物联网技术的应用、从业人员知识化、专业化，绿色优质高效栽培管理技术未来必定会实现自动化、智能化。结合现代生态高效栽培技术，挖潜、提质、增效是今后澳洲坚果规范化栽培技术研究与应用的主要方向。

（3）**加工方面** 我国目前对澳洲坚果的采后加工大多仍局限于去除青皮和果仁生产阶段，产品附加值总体不高，对果油提取利用和果皮、果壳、木材的综合利用（包括高级饮品开发、化妆品及保健品基础油开发、家畜蛋白质饲料开发、高级活性炭及复合木地板开发、高档家具及工艺品开发等）等方面的科技研发还十分有限，采后精深加工技术研发与应用能力亟待加强与提升。

第二章 澳洲坚果生物学特征

一、澳洲坚果物候期

1.抽梢期 全树新梢萌发约50%且达到2厘米的日期至全树新梢约95%新梢新叶稳定转绿的日期为一个抽梢期，分别有春梢期、夏梢期、秋梢期和冬梢期。

2.花期 分为初花期（全树约5%花开放的日期）、盛花期（全树约25%花开放的日期至全树约75%花开放的日期）、末花期（全树约75%花开放的日期）。

3.果期 谢花后180～220天为澳洲坚果的果实生育期。

（1）落果期

①第一次生理落果期。花后1～2周大量脱落，一般4月初开始。主要原因是授粉受精不良。

②第二次生理落果期。花后3～8周，一般在4月中旬至5月下旬。主要原因是此时期是果实迅速膨大期，养分、激素失衡。此期落果最为严重，常并有病虫危害落果，如椿象和蛀果螟危害引起的落果。

③第三次生理落果期。一般在6月底至7月初，此次落果量相对比较小，养分、激素失衡及病虫危害落果为主。

（2）**成熟期**   以内果膜转黑、果壳变褐色为果实成熟的判定标准，全树50%～80%果实成熟的日期为成熟期。

二、叶的形态特征

澳洲坚果叶的形态特征包括叶序和叶片的形态特征。叶序有对生、三叶轮生、四叶轮生、五叶轮生；叶片的形态特性主要包括叶形、叶尖、叶基、叶缘和叶面（表2-1、图2-1）。

表2-1   澳洲坚果叶片形态表

	叶序		对生、三叶轮生、四叶轮生、五叶轮生
叶的形态特征	叶片形态特征	叶形	倒卵形、卵圆形、椭圆形、长椭圆形及倒披针形
		叶尖	截形、钝尖、急尖、锐尖
		叶基	渐尖、急尖、截形
		叶缘	平滑、波浪状、极明显波浪状
		叶面	平展、下弯、内弯、扭曲

| 倒卵形 | 卵圆形 | 椭圆形 | 长椭圆形 | 倒披针形 |

叶片形状

| 截形 | 钝尖 | 急尖 | 锐尖 |

叶尖形状

| 渐尖 | 急尖 | 截形 |

叶基形状

| 平滑 | 波浪状 | 极明显波浪状 |

叶缘形状

| 平展 | 下弯 | 内弯 | 扭曲 |

叶面形状

图2-1 澳洲坚果叶片形态

三、花色及开放顺序

1.小花颜色 分为白色、乳白色、粉红色及其他。其中光壳种大部分为白色或乳白色，而粗壳种多为粉红色。

2.小花开放顺序 分为花序基部先开，向顶端依次开放；花序顶端先开，向基部依次开放；花序中部先开，向两端依次开放；无规则开放。

四、果实性状

澳洲坚果果实包括果皮、果壳和果仁3部分，果皮性状包括颜色、厚度、腹缝线、光滑度、形状；果壳性状包括颜色、厚度、腹缝线、光滑度、形状、斑纹和萌发孔大小；果仁性状包括颜色和厚度（表2-2，图2-2）。

表2-2 澳洲坚果果实性状形态表

		颜色	厚度(毫米)	腹缝线	光滑度	形状	果颈部形状	斑纹	萌发孔大小	果顶
果实性状	果皮	绿色、亮绿色	精确0.1	明显、不明显	光滑、粗糙	球形、卵圆形、椭圆形及其他	无、短、长	—	—	乳头状凸起不明显;乳头状凸起明显;乳头状凸起极明显
	果壳	浅褐色、褐色	精确0.1	不明显、明显和极明显	光滑、粗糙	扁圆形、圆球形、卵圆形、椭圆形、半球形	—	很少、少、多;集中在萌发孔附近、集中在基部、分散	小,大	—
	果仁	白色、乳白色、乳黄色其他	精确0.1	—	—	—	—	—	—	—

| 无 | 短 | 长 |

果颈部形状

| 球形 | 卵圆形 | 椭圆形 |

果实形状

| 凸起不明显 | 凸起明显 | 凸起极明显 |

果顶乳头状凸起

| 绿色 | 亮绿色 |

果皮颜色

| 不明显/粗糙 | 明显/光滑 |

果皮腹缝线/光滑度

光滑　　　　　　　　　　　粗糙

壳果光滑度

扁圆形　　　　　　　　圆球形　　　　　　　　卵圆形

壳果形状

很少　　　　　　　　　　少　　　　　　　　　　多

果壳斑纹

集中在萌发孔附近　　　　集中在基部　　　　　　　分散

果壳斑纹分布

小　　　　　　大

果壳萌发孔大小

不明显　　　　　　明显　　　　　　极明显

壳果腹缝线

图2-2　澳洲坚果果实性状形态

五、澳洲坚果叶片结构

　　澳洲坚果叶片革质、脆硬，其叶肉细胞排列疏松，细胞数量少，栅栏组织和海绵组织不发达，侧脉发达。如图2-3，澳洲坚果叶片由上皮层、下皮层、栅栏组织、海绵组织及维管束构成。其上皮层、下皮层均附有一层蜡质层，具有降低蒸腾作用和防止细菌、真菌的入侵的保护作用，且上皮层细胞明显厚于下皮层，为典型的背腹叶。栅栏组织细胞多为2～3层，少见4层，呈长圆柱状，排列较紧密；海绵细胞较大、排列较疏松。澳洲坚果叶片中细脉发达，叶肉组织常可见细脉维管束，其网状细脉复杂交错，环纹管胞多而密，大大加强了光合产物的运输效率。

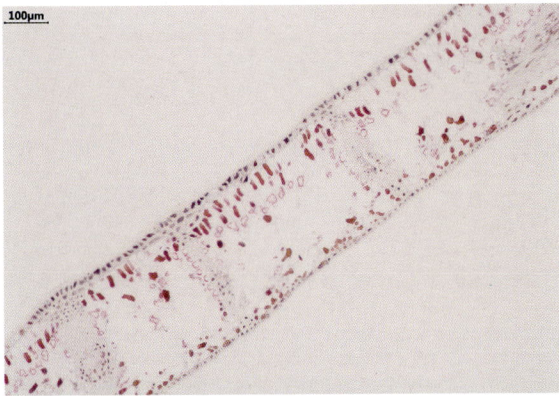

图2-3　叶片显微结构

　　叶片主脉由多个维管束组成,近半圆形,其中上方为木质部,下方为韧皮部,木质部由导管、管胞、木纤维和木薄壁组织组成,是运输水分和无机离子的运输组织。其维管形成层不明显,周围有大量薄壁细胞,多层厚角组织分布在外围,叶脉处的表皮细胞多为圆形且排列紧密。主脉附近有机械支持力强的厚壁组织分布,其主脉附近的薄壁细胞呈椭圆形,较叶肉细胞紧密且整齐(图2-4)。

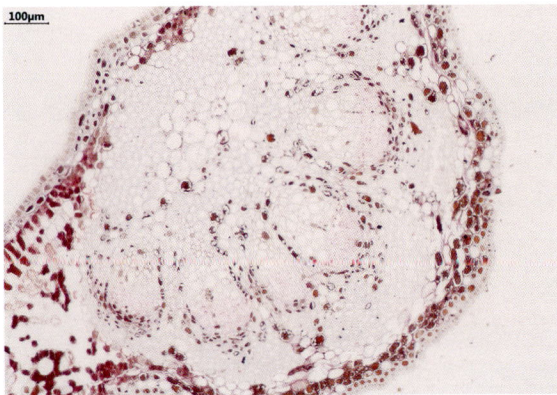

图2-4　叶片主脉显微结构

六、澳洲坚果花结构

澳洲坚果花着生在长条穗状花序上（总状花序），总状花序悬垂（悬挂），长100～300毫米，着花数量100～300朵，花的数量和花序的长度没有紧密相关性，花成对或三四朵花为一组着生在小苞片腋的花梗上，花梗长1～4毫米，在花序轴上有规律的间隔排列（图2-5）。

图2-5　澳洲坚果花序

开花期的小花长约12毫米，为两性非完全花，无花瓣，只有四裂花瓣状的萼片，萼片形成花被管，长约7毫米，宽约1毫米，花开时后翻。在花被内，花的中心是单心皮的上位子房，子房上密生茸毛直至花柱较低部位，花柱较高部位无毛。子房卵形，顶部逐渐变成很细的花柱，花柱呈球棒状，顶部增厚。子房和花柱全长约7毫米，雄蕊基部周边是一个不规则的无毛的花托，高约0.6毫米。4枚周位着生雄蕊拔起于子房旁边，每枚有2个花粉囊组成的长约2毫米的花药，雄蕊在花管约2/3处附着在花瓣状萼片上，花丝短（图2-6）。

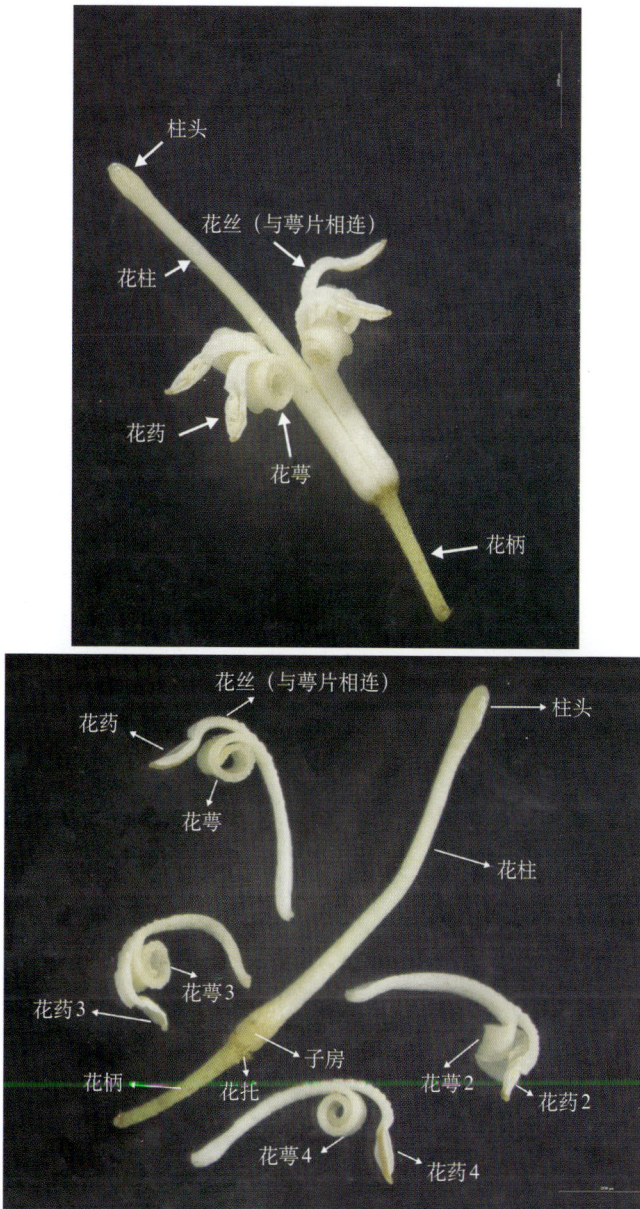

图2-6　澳洲坚果花朵结构图

第三章　澳洲坚果主栽品种

国内主栽品种有桂热1号、A16、O.C、HAES695、JW、A4、H2、HAES788、HAES344、A38、南亚1号、南亚3号、南亚116号；目前广西主栽品种有桂热1号、A16、O.C、HAES695，云南主栽品种有O.C、HAES344、A16、A4、HAES788等；广东主栽品种有桂热1号、A16、O.C、HAES695、南亚1号、南亚116号等；贵州主栽品种有O.C、A16、HAES695、南亚1号、南亚116号等。以下是品种的主要特征。

一、桂热1号

桂热1号为广西南亚热带农业科学研究所选育品种。树形呈半圆形，树冠直立，主干灰褐色，枝条长而粗壮，主干性强；三叶轮生，叶缘呈微波浪状，少刺，高温新梢黄化（气温降低一段时间后转为绿色）是该品种的一个显著特征；花色乳白，花穗长度为14～17厘米，每穗花130～330朵，每穗挂果4～7颗，最多达28颗；青皮果球形，果柄粗短，果颈短，果皮浅绿色，果皮光滑，乳状凸起不明显，果仁平均粒重3.1克，平均出种率53.2%，出仁率33.1%，一级果仁率99.0%～100%。生育期180～220天。定植后第3年少量结果，第8年进入丰产期，株产30～40千克，亩产可达660～880千克（图3-1）。

图3-1 桂热1号挂果状

二、A16

A16为澳大利亚引入品种，树形圆形或阔圆形，树冠开张，主干灰褐色，枝短并下垂，分枝能力强；三叶轮生，倒卵形，叶缘刺少，嫩梢黄绿色；花色乳白，花穗较短，每穗挂果1～4颗，多为单果；青皮果椭圆形，果柄粗，果颈长，果顶乳头状凸起极明显，果皮绿色、光滑，果实大，青皮果单果重达23.5克，干壳果平均粒重10.6克，果仁平均粒重2.73克，出种率45.2%，出仁率36.4%，一级果仁率95.0%～99.0%，生育期180～220天。定植后第3年可少量结果，第8年进入丰产期，株产28～35千克，亩产可达630～770千克（图3-2）。

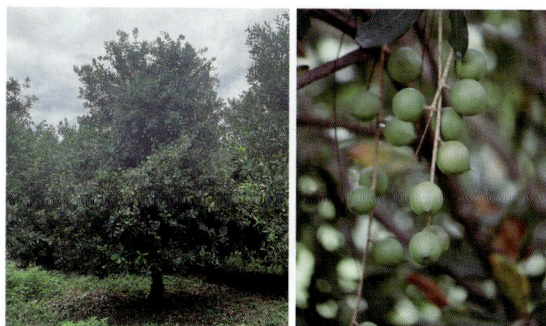

图3-2 A16挂果状

三、O.C

O.C为澳大利亚引入品种，树形圆形或阔圆形，树冠开张，主干灰褐色，枝短并下垂，分枝能力强；三叶轮生，倒卵形，叶缘刺少，嫩梢黄绿色；花色乳白，花穗较短，每穗挂果1～4颗，多为单果；青皮果椭圆形，果柄粗，果颈长，果顶乳头状凸起极明显，果皮绿色、光滑，果实大，青皮果平均单果重达22.1克，干壳果平均粒重8.11克，果仁平均粒重2.75克，出种率47.5%，出仁率33.8%，一级果仁率99.5%。生育期180～220天。定植后第3年可少量结果，第8年进入丰产期，株产28～38千克，亩产可达630～836千克（图3-3）。

图3-3　O.C挂果状

四、HAES695

HAES695为澳大利亚引入品种，树形呈半圆形，树冠直立，主干灰褐色，枝条长而粗壮，主干性强；四叶轮生，叶缘波浪状，刺较多，嫩梢紫红色；花色紫红，花穗长，每穗花220～350朵，每穗挂果1～4颗，多为单果；青皮果球形，果柄长，果颈长，果顶乳头状凸起极明显，果皮绿色、粗糙，果实较小（青皮果单果重约16.9克），球形、均匀，干壳果平均粒重5.73克，果仁平均粒重2.1克，出种率48.6%，出仁率则高达37.4%，一级果仁率99.3%。生育期180～220天。定植后第2～3年可少量结果，第8年进入丰产期，株产22～30千克，亩产可达550～660千克（图3-4）。

图3-4　HAES695挂果状

五、JW

JW为澳大利亚引入品种，树形圆锥形或阔圆形，树冠直立，主干灰褐色，枝条长而粗壮，主干性强；三叶轮生，倒披针形，叶尖、叶基急尖，叶缘波浪状，刺较多，老熟叶墨绿色；花色乳白，花穗长度为16～23厘米，每穗花220～330朵，每穗挂果2～8颗，最多达21颗；青皮果果实卵圆形，果柄粗短，果颈极明显，果皮浅绿色，果皮光滑，果顶乳状凸起极明显，果皮较厚。青皮果平均单果重22.5克，果仁平均粒重1.8克，平均出种率49.2％，出仁率26.1％。生育期180～220天。定植后第3年少量结果，第8年进入丰产期，株产25～30千克，亩产可达550～660千克（图3-5）。

图3-5　JW挂果状

六、H2

　　H2为澳大利亚引入品种，树形阔圆形，树冠半开张，枝条密、分枝能力强；三叶轮生，倒卵形，叶缘刺无，嫩梢黄绿色；花色乳白，花穗较短，挂果成串；青皮果球形，果颈无，果顶不明显，果皮绿色、光滑、腹缝线明显，果实大小不均匀；青皮果平均单果重16.4克，干壳果平均粒重7.95克，果仁平均粒重2.19克，出种率48.6%，出仁率34.6%，一级果仁率99.0%。生育期180～220天。定植后第3年可少量结果，第8年进入丰产期。株产20～30千克，亩产可达440～660千克（图3-6）。

图3-6　H2挂果状

七、HAES788

HAES788为美国引入品种，树形阔圆形，树冠半开张，枝条密、分枝能力强；三叶轮生，倒卵形，叶缘刺接近无，嫩梢黄绿色；花色乳白，花穗较长，挂果成串；青皮果球形，果颈无，果顶不明显，果皮绿色、光滑、腹缝线明显，果实大小不均匀；青皮果平均单果重18.7克，出种率44.3%，出仁率高达41.6%，一级果仁率99.0%；生育期180～220天。定植后第3年可少量结果，第8年进入丰产期。株产20～25千克，亩产可达440～550千克（图3-7）。

图3-7　HAES788挂果状

八、HAES344

HAES344为美国引入品种，树形圆锥形，主干直立，枝条粗壮，分枝少，抗风能力强；三叶轮生，倒卵形，叶缘刺少，叶色墨绿；花色乳白；青皮果卵圆形，果柄粗，无果颈，腹缝线明显，果皮绿色、光滑。果实中等，出种率高达54.6%，出仁率32.1%，一级果仁率99.5%～100%，果仁性状极好。生育期180～220天。株产25～30千克，亩产可达550～660千克（图3-8）。

图3-8　HAES344挂果状

九、HAES900

HAES900为美国引入品种，树形阔圆形，树冠开张，主干灰褐色，枝短并下垂，分枝能力强；三叶轮生，倒披针形，叶缘刺较多，嫩梢粉红色；花色粉红，花穗长；青皮果椭圆形，果柄粗，果颈长，果顶乳头状凸起极明显，果皮绿色、光滑。果实大，青皮果平均单果重达21.7克，干壳果平均粒重11.3克，果仁平均粒重2.3克，出种率51.5%，出仁率30.3%，一级果仁率99.0%。生育期180～220天。定植后第4年可少量结果，第10年进入丰产期。株产20～30千克，亩产可达440～660千克（图3-9）。

图3-9　HAES900挂果状

十、A38

A38为澳大利亚引入品种，树形中等阔圆形，主干直立，早期分枝向上生长，直立明显，老年树下垂；三叶轮生，倒披针形，叶柄长，叶基渐尖，叶缘极明显波浪状，叶色墨绿；花色乳白；青皮果椭圆形，果皮有条状起伏纹路，果柄粗，果颈长，果顶凸起极明显，腹缝线明显，壳果腹缝线极明显。果实中等偏大，青皮果单果重22.7克，出仁率36.3％。生育期180～220天。株产20～25千克，亩产可达440～550千克（图3-10）。

图3-10　A38挂果状

十一、南亚1号

　　南亚1号为中国热带农业科学院南亚热带作物研究所选育品种，树冠呈圆形，树势较开张，主干灰褐色，枝短，分枝能力较强；三叶轮生，叶缘波浪状，多刺，嫩梢黄绿色；花乳白色，花穗中等长，每穗有100～150朵小花，每穗挂果1～3颗；带皮果球形，果柄粗短，无果颈，果顶凸起不明显，果皮黄绿色、光滑，果实大，带皮果单果鲜重22.86克，带壳果平均每粒干重8.43克，棕红色，果仁平均粒重2.89克，出仁率37.2%～37.8%，一级果仁率100%，生育期180～210天。定植后第3年投产，第8年进入丰产期，株产带皮果30～35千克，亩产可达660～790千克（图3-11）。

图3-11　南亚1号挂果状

十二、南亚3号

　　南亚3号为中国热带农业科学院南亚热带作物研究所选育品种，树冠呈圆形，树势较开张，主干灰褐色，枝梢健壮，分枝力中等；三叶轮生，叶缘反卷，刺较少，嫩梢黄绿色；小花乳白色，花穗长29.45厘米，每穗花220～280朵，每穗挂果1～3颗，多为单果；带皮果卵圆形，果皮略粗糙，果柄粗短，果颈中等大，果顶尖锐，凸起极明显，果实较大，表皮果单果重19.75克，带壳果平均每粒干重6.95克，果仁平均粒重2.63克，出仁率36.8%～38.2%，一级果仁率98.9%～100%，生育期180～220天。定植后第3年可少量结果，第8年进入丰产期，株产30～40千克，亩产可达660～880千克（图3-12）。

图3-12　南亚3号挂果状

十三、南亚12号

南亚12号为中国热带农业科学院南亚热带作物研究所选育品种，树冠圆形，树势较开张，分枝力中等，主干灰褐色；三叶轮生，倒卵形，叶缘波浪形，刺少或无，嫩梢黄绿色；花色乳白，花穗24.62厘米，每穗小花180～250朵，每穗挂果1～4颗；带皮果卵圆形、颜色深绿，果皮略粗糙，果柄粗短，果颈中等大，果顶尖锐，凸起明显，带壳果平均单粒干重7.21克，果仁平均粒重2.58克，出仁率35.3%～37.3%，一级果仁率96.4%～100%，生育期180～220天。定植后第3年可投产，第8年进入丰产期，株产25～35千克，亩产可达550～788千克（图3-13）。

图3-13　南亚12号挂果状

十四、南亚116号

南亚116号为中国热带农业科学院南亚热带作物研究所选育品种，树冠圆形、枝短，分枝力中等，树冠紧凑；三叶轮生，披针形，叶缘波浪状，刺少或无；花乳白色，花穗长28.62厘米，每穗有小花250～320朵，每穗挂果2～6颗；带皮果球形，果柄粗短，果颈短，颜色深绿，果顶钝尖，壳果球形，棕红色，平均单粒重7.45克，果仁平均粒重2.76克，出仁率37.2%～40.1%，一级果仁率97.8%～100%。生育期180～220天。定植后第3年可投产，第8年进入丰产期，株产30～38千克，亩产可达660～855千克（图3-14）。

图3-14　南亚116号挂果状

第四章　澳洲坚果育苗周年管理

一、选地

（一）苗圃地选择

1.**地点**　为了避免从外地引进的苗木品种不适合当地，并减少运输成本，杜绝病虫害传播，应就地建立苗圃，培育良种壮苗。选择交通便利，能及时将苗木运送到栽植地的地点，以提高栽植成活率，减少苗木运输费用和运输途中的损失。

2.**地势**　苗圃地形平整或略有缓坡均可，避免没有排水条件的涝洼地，低洼地不宜作澳洲坚果苗圃地（图4-1）。

图4-1　苗圃地

3.土壤　土壤厚度1米以上，地下水位在1.8米以下。土壤肥沃，透水通气性能好、保水保肥能力强，有利于耕作，pH 5.0 ~ 7.0为宜。

4.气候　年平均温度≥20.0℃，绝对最低温度≥-4.0℃，绝对最高温度≤40.0℃，年降水量≥800毫米，年日照时数≥1 300小时。

5.灌溉条件　需要有灌溉条件，如果土壤水分不足，苗木生长缓慢，成苗率不高，延长了出圃时间，影响育苗的经济收益。

（二）沙床整理

宜选择在通风、排水良好、地势平坦的干净地面设置砌砖催芽沙床，沙床宽1.0 ~ 1.2米，高0.15 ~ 0.20米，长10 ~ 15米。选用0.15米厚、沙粒直径0.5 ~ 3毫米清洁河沙，并轻轻压实，结合消毒对沙床进行淋水。

（三）苗圃地整理

平整土地后，以腐熟的有机肥与黄壤土按1：2比例混合作为育苗基质，填入直径0.15米，高0.2米的育苗袋。每5袋排成一行，行间距0.4米，长10 ~ 15米，整齐摆放。

二、播种

（一）种子准备

采集当年成熟的澳洲坚果果实去掉果皮，取其壳果，水选去掉浮于水面的瘪粒和小粒壳果，选取粒大、饱满、无霉变和虫害的壳果。晾干壳果表面水分，备用（图4-2）。

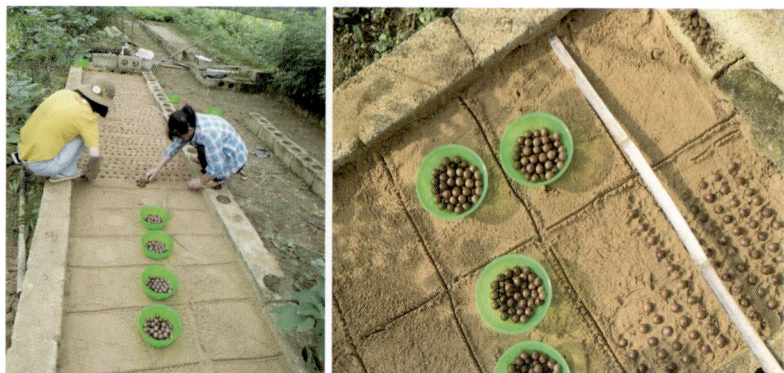

图4-2　晾晒

（二）种子催芽

种子未经处理播种，出苗慢、苗不整齐。因此，通常先进行种子处理、催芽（图4-3），然后再播种。种子用0.1%高锰酸钾水溶液浸泡消毒5分钟，捞起冲洗干净，再用4%赤霉素乳油500倍液浸泡24小时，取出在太阳下晾晒至果壳微裂后，播种在育苗沙床上（图4-4），用沙盖过种子2～3厘米，浇水后，盖上薄膜（图4-5）。注意经常保持沙床湿润，防止阳光直接照射。

图4-3　催芽

图4-4　苗床

图4-5 盖上薄膜

（三）砧木苗培育

播种后苗床遇干旱应及时淋水，保持沙床基质的含水量在70%～75%，雨后及时排水。种子萌芽长度3～6厘米时，按出苗的先后及大小移栽至育苗袋内，以便分批管理。种子入土深度2～3厘米，种后覆土。苗木恢复生长后，施1次肥，以后每隔1～2个月施肥1次。开始施肥的浓度为1份腐熟的厩肥水加4～5份水或用0.5%～1%的尿素溶液淋施，以后可逐步增加浓度，有雨水或浇水时，可撒施尿素，每亩施用5～6千克。遇到天气干旱时应及时淋水或浇水，以保证小苗快速生长。当砧木苗生长至离地面30厘米处，苗茎≥0.8厘米时，可嫁接（图4-6）。

图4-6 可嫁接砧木苗

三、嫁接

（一）品种选择

根据当地的气候条件，选择适宜当地种植、产量高、综合性状好的优良品种。

（二）穗条选择

在采穗圃园中，选择已结果的优良品种，从树冠外围剪取当年生枝条，要求径粗0.8～1.2厘米，充分老熟、芽点发育充实饱满、无病虫害、无机械损伤（图4-7）。

（三）穗条处理

采穗（图4-8）时在母枝的

图4-7　穗条剪取

基部留2～3个饱满芽，剪去叶片保留0.5～1.0厘米叶柄，并根据长短和径粗分级扎捆，接穗的剪口应平整。每捆20～25根，打捆时接穗基部应对齐，并用标签标明品种。穗条应随用随采，接穗保存≤2天。接穗处理完后用保湿材料包好，注意透气，不应密封。运输的接穗应具备苗木检验证书、苗木检疫证书和苗木产地标签。运达嫁接地后应及时打开保湿材料，置于潮湿阴凉处，喷水保湿。

去叶

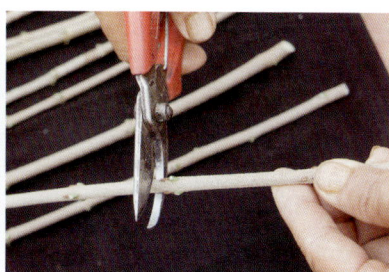
分段

清洗

杀菌

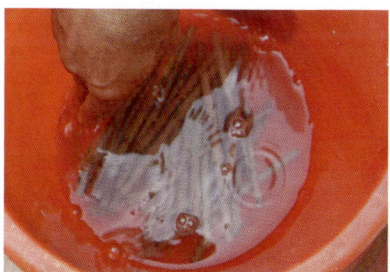
浸泡

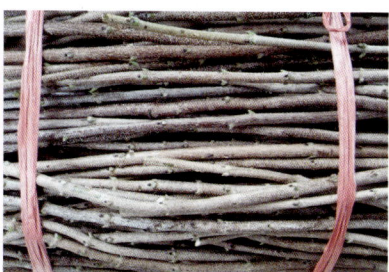
扎捆

图4-8　穗条处理

（四）嫁接时间

秋冬植宜在当年10—12月，春植应在2—4月嫁接。根据当地气候有所差异，一般气温选择20～25℃，过高或过低均不利于萌发，嫁接时应选择晴朗无风的天气，连续阴雨会明显降低成活率。

（五）嫁接方法

1.**劈接**　在距地面30～50厘米处将砧木水平切断，从中间部位用嫁接刀垂直劈入，深3～4厘米；接穗剪成长5～8厘米，带2～3个芽的枝条，下端削成2～3厘米长的双斜面楔形；然后立即将接穗切面插入砧木的中间切口，使接穗削面外侧形成层与砧木形成层对齐，用嫁接膜严密包扎接口（图4-9）。

垂直劈入砧木

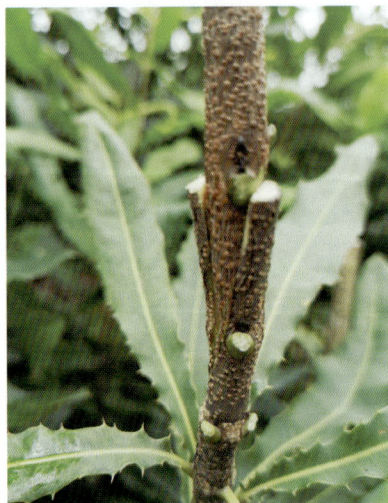

接穗切面插入砧木

图4-9　劈接

2.合接 在距地面30～50厘米处将砧木呈45°向上斜切掉上部，切面应平滑。接穗自顶部向下保留2～3个芽后，呈45°向下斜切，使接穗削面外侧形成层与砧木形成层对齐，用嫁接膜严密包扎接口（图4-10）。

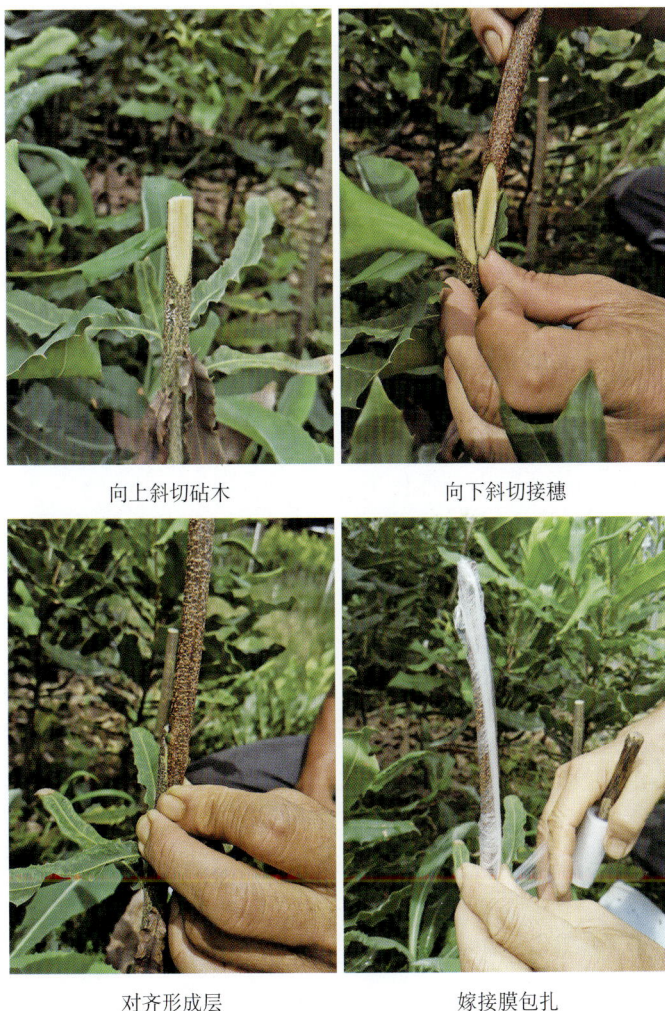

向上斜切砧木

向下斜切接穗

对齐形成层

嫁接膜包扎

图4-10 合接

3.切接 在距地面30～50厘米处将砧木断面切成平面，从断面的边缘稍带木质用刀向下纵切，长度与接穗削面相当，在接穗下端的背面削成45°，接穗保留2～3个芽，将接穗插入砧木的切口内，使两者的形成层对齐，用嫁接膜严密包扎接口（图4-11）。

砧木断面　　　　　　　　　　　　对齐形成层包扎

图4-11　切接

4.套接 在距地面30～50厘米处将砧木断面切成平面，砧木削成2～3厘米长的双斜面楔形；接穗剪成长5～8厘米，带2～3个芽的枝条，从底部中间部位用嫁接刀垂直劈入，深2～3厘米；然后立即将接穗切面插入砧木的楔形，使接穗削面外侧形成层与砧木形成层对齐，用嫁接膜严密包扎接口（图4-12）。

砧木断面　　　　　　　双斜面楔形　　　　　　接穗垂直劈入

对齐形成层   嫁接膜包扎

图4-12　套接

四、嫁接后管理

（一）补接

嫁接后定期观察接穗的生长情况，一般嫁接14天后，检查成活情况。接穗绿色保持新鲜状态为成活（图4-13）；接穗褐色或黑色为不成活（图4-14），应在适宜嫁接季节及时用同品种补接。

图4-13　成活　　　　　　　　　图4-14　不成活

（二）除萌

嫁接1个月左右，砧木容易抽生新芽，要及时将砧木上的萌蘖去除，减少其对养分的竞争，以便保持营养供应给接穗生长。在嫁接苗的生长期间，不定期地巡查苗圃，发现有砧木上长出萌蘖，要及时剪除，在除萌后若是形成较大伤口可涂施植物修复剂防止感染病菌（图4-15）。

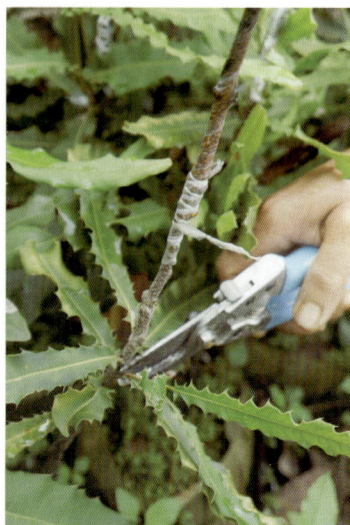

图4-15　除萌

（三）除膜

嫁接成活后，当嫁接部位完全愈合，第二次梢老熟后，将嫁接膜和绳子拆除，不宜过早或过晚（图4-16）。除膜过早，不利于保护伤口。嫁接后接口愈伤组织生长极快，除膜过晚，会导致枝条缠绕部分生长受到束缚，出现勒痕鼓包，影响水分和养分的运输，甚至感染死亡（图4-17）。

图4-16　除膜

图4-17　勒痕鼓包

（四）水分管理

嫁接后茎干幼嫩，易被烈日高温灼伤而枯死，因此要搭建荫棚，用遮光度为50%～60%的黑色遮阳网搭荫棚。遮阴2～3个月，第一批新梢老熟时即可揭去遮阳网。嫁接后干旱天气要及时淋水（图4-18），保持土壤湿润，保证小苗快速生长，宜傍晚淋水，雨天及时排除积水。

图4-18　嫁接苗淋水

（五）施肥

嫁接后抽生第一批梢老熟后，追施0.5%～1%尿素水溶液，可逐步增加浓度，以后每15天追施水溶性复合肥（$N - P_2O_5 - K_2O = 26 - 10 - 16$），每亩20千克，直至出圃。冬季有霜冻地区，幼苗应在11月后停止施肥，以免抽生大量冬梢。

（六）病虫害防治

苗期主要虫害为夜蛾类、蚜虫类、蓟马类等食叶类虫害，可用5.7%甲氨基阿维菌素苯甲酸盐乳油2 000倍液和20%氯虫苯甲酰胺5 000倍液喷施，以防为主，按病虫测报及时防治病虫害。具体可参照病虫害防治章节。

五、苗木出圃

（一）出圃时间

具体出圃时期应在每次新梢生长停止并充分成熟时进行。一般春、秋两季出圃较多，春季出圃在5月高温来临前；秋季出圃则在高温过后的10—12月。夏季高温，出圃后种植成活率较低，不宜出圃。

（二）起苗方法

起苗前应给苗木挂牌，标明品种、苗龄等。若土壤过于干旱，应在挖苗前3 ~ 5天充分浇水，以免起苗时损伤过多须根，浇水后待土壤干爽后即可起苗。叶片多的苗，可修剪掉1/3叶片。

（三）质量分级标准

质量分级标准见表4-1。

表4-1 澳洲坚果嫁接苗等级规格指标

苗木类型	苗龄（年）	苗木等级									综合指标	
		1级				2级						
		苗高（厘米）	嫁接口上径（>厘米）	根系		苗高（厘米）	地径（>厘米）	根系		生长点数量（个）	共性指标
				大于10厘米侧根数量（>条）	主侧根分布			大于10厘米侧根数量（>条）	主侧根分布		
裸根苗	2	100~120	30	15	主根发达，侧根均匀舒展	80~100	1.0	10	主根明显，侧根均匀	6	无检疫对象和危险性生物，苗木新鲜、健壮、充分木质化，合格苗木数量不少于抽样苗木95%
容器苗	1或1.5	80~100	20	—	根球完整，侧根发达均匀，不结团	60~80	0.6	—	根球完整，侧根发达均匀，不结团	3	
容器苗	2	100~120	30	—	根球完整，侧根发达均匀，不结团	80~100	0.8	—	根球完整，侧根发达均匀，不结团	6	

第五章 澳洲坚果幼树周年管理

一、幼树施肥管理

（一）萌芽肥

澳洲坚果幼树一般每年抽梢4～5次，在枝条芽点萌动时施用，每次施肥量为尿素30克/株（定植当年）；第二年，尿素40克/株；第三年，尿素50克/株。可撒施或淋施，撒施：撒于树盘周围，施用后覆土，若雨天则不需覆土。淋施每株用水量为10～15升。

（二）壮梢肥

新梢长出后，在每次新梢生长约10厘米至梢基部的新叶由淡绿变深绿期间，施用肥料使新梢加速老熟。

1.肥料种类 复合肥（N：P：K＝15：15：15），速溶类型为宜；水溶肥。

2.施用方式

（1）**撒施** 将复合肥于幼树滴水线内均匀撒下（图5-1）。

（2）**沟施** 于幼树滴水线外开浅沟，沟深5～10厘米，均匀撒下复合肥后，回土覆盖。

（3）淋施　于幼树滴水线内灌根或滴灌。

3. 施肥用量

（1）撒施、沟施　每次施肥量为复合肥50克/株（定植当年）；第二年，复合肥100克/株；第三年，复合肥150克/株。

（2）淋施　复合肥0.5%～1%水溶液20升/株，水溶肥300～500倍液20升/株。

撒施　　　　　　　　　　　　　　　沟施

图5-1　壮梢肥

（三）基肥

每年10—11月，于幼树滴水线外5～10厘米处挖坑，坑深10～20厘米，坑宽20～30厘米（一般为铁铲宽度，图5-2），一年生植株宜采用环状坑施肥（图5-3），二年生植株宜采用半环状坑施肥（图5-4），三年生植株宜采用条状坑施肥（图5-5），可施用有机肥、复合肥（推荐使用高氮复合肥），用量：有机肥3～5千克/株，复合肥200～500克/株，肥料与表土在坑中混合均匀后，回土填平。

图5-2　坑宽与坑深

图5-3　环状坑施肥

图5-4　半环状坑

图5-5　条状坑

二、幼树修剪

（一）定干

澳洲坚果种苗定植后，在离地50～60厘米处或嫁接口上20～30厘米处摘心（图5-6）。定干除可降低幼苗蒸腾作用外，可使果园内幼苗萌芽统一便于管理。萌芽后，选留3～5条主枝。

图5-6　定干

（二）促分枝

主干为0级枝，0级枝上的分枝为1级枝，1级枝上的分枝为2级枝，以此类推。幼树一般要到4～5级分枝以上，才有可能开花挂果。

定干后，在主干上部留3根主枝，错开摘心：1条在25厘米处、1条在30厘米处、1条在35厘米处摘心（图5-7），以后按此方法进行更高层的修剪分枝处理；原则上树冠中间枝条留长，四周枝条剪短，整成伞状树冠；4年树龄进入挂果期后按结果树修剪。修剪时应注意避开极端气候，如高温干旱、霜冻。

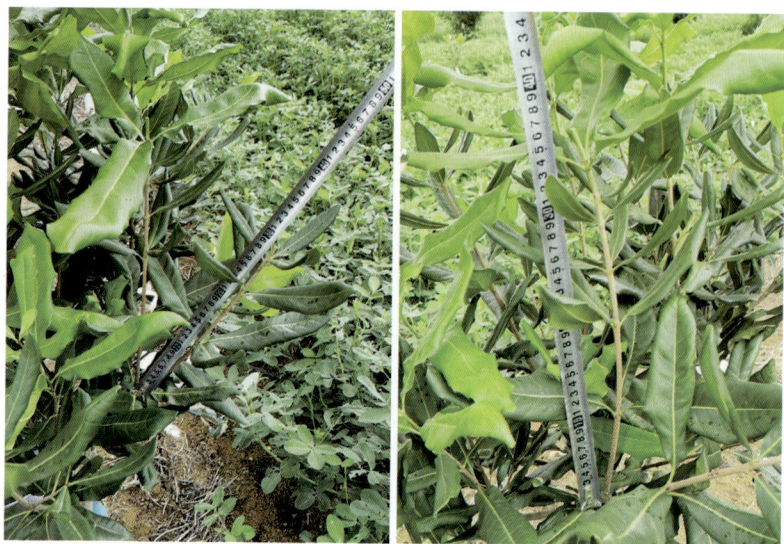

图5-7　枝条长度

（三）除萌

在澳洲坚果幼苗定植后，要定期巡视果园，发现砧木部位（即嫁接口以下）萌生枝条（萌蘖），要及时处理（图5-8）。因萌蘖吸收营养快速，故而长势迅猛，不及时处理会影响嫁接枝条的生长。

图5-8　除萌

三、树体管理

（一）树盘管理

树盘管理，亦可理解为地面上的草、木管理。地面表土裸露，在高温天气时，会使地表温度增高，幼树会加速失水即蒸腾作用过旺，在雨季时，土壤的保水能力会比较差，且也容易造成水土流失。地面杂草、杂木生长旺盛，也会对幼树形成遮挡从而影响生长（图5-9）。

图5-9　树盘树形管理

（二）树形管理

幼树的树形管理，尤为重要。树形管理好，可达到增产、抗风、防病等效果。

首先，枝条分布要合理。东南西北四个方向尽可能多地分布些1级枝与2级枝，同方向枝条尽量错落开，或拉高距离形成分层。

其次，培养主干。果树具有顶端优势现象，顶端不明显，顶部枝条会产生竞争徒耗营养的生长，顶端十分明显，亦会抑制侧枝的生长。

最后，要舍得剪。部分种植户因为不舍得修剪，而错过最佳分枝阶段，导致果树树形不合理、分枝少，从而导致挂果迟、产量低等现象。

第六章 澳洲坚果结果树周年管理

一、1月管理技术

1月是一年中温度最低的时期，常遇到影响范围广、持续时间长的寒潮或低温霜冻，为减轻冻害造成的损失，要做好防护措施。

（一）防冻剂（液）处理

在预告霜冻来临前10～15天，叶面喷施植物防冻剂（液）1～2次，但5℃以下禁止使用，因为喷施完后，液体很容易结冰，加重冻害。防冻剂成分一般是氨基酸（或者腐殖酸、海藻酸、鱼蛋白一类）＋中微量元素。

（二）烟熏防冻

寒流来临前，备好柴草、木屑、谷壳、秸秆等易燃熏烟材料，在果园的上风区每隔20米放置一堆，在寒流来临前当晚10点后点燃熏烟，抑制和减轻辐射降霜（图6-1）。

图6-1 烟熏防冻

（三）解冻处理

冻害发生后，处理办法如下：

1.及时除霜 发生霜冻后，要及时除掉树体上的霜，避免冻霜因吸热融化对果树造成二次伤害。常用棍棒打掉或用水冲刷掉。

2.适时修剪 冻害发生后，不可立即修剪，待气温回升后再修剪，遵循"小伤小修、大伤大修"的原则，修剪后宜喷施杀菌剂，以防外部病菌趁着植株冻害后虚弱时侵染致病。

3.补充养分 在冻害发生后，可以适当施肥，补充植株所需的养分，以促进植株的生长和恢复。

二、2月管理技术

2月正值花穗伸长期至即将开放，需要补充大量的营养为开花做准备。

（一）花前肥

在花穗伸长期施用，每株施肥量为尿素0.2千克，复合肥（N：P：K = 15：15：15）0.5千克，与充分发酵的农家肥（猪、牛粪）水肥搅匀沟施或水溶淋施，无水源可沿树冠滴水线开5～10厘米的浅沟撒施后覆土，增加营养，促进开花。

（二）喷叶面肥

一般情况不建议加杀虫剂，避免误杀帮助授粉的昆虫，2月中下旬喷施为宜。喷施细胞分裂素＋磷酸二氢钾＋硼砂＋杀菌剂，叶面肥浓度要求：氨基酸0.2%、磷酸二氢钾0.2%、硼砂0.2%、尿素0.1%，防落素、赤霉酸、细胞分裂素、芸薹素等按说明书配制，选1～2种与叶面肥混合使用。

三、3月管理技术

澳洲坚果第一次生理落果主要原因是授粉受精不良，子房内激素不足，不能调运足够的营养物质，引起子房停止生长而脱落。这个时期的落果量占了总落果量80%以上，为减少这一时期落果，要在花期做好授粉工作，主要措施有如下。

（一）放蜂授粉

通过每间隔2～3亩放一箱（3脾）蜜蜂，在开花初期放蜂帮助授粉，提高坐果率（图6-2、图6-3）。

图6-2　花期放蜂

图6-3　蜜蜂授粉

（二）其他昆虫授粉

澳洲坚果花期前1个月在澳洲坚果果园内繁育苍蝇（家蝇除外）孵化后投放，或在澳洲坚果的盛花期利用废弃的禽畜内脏或死鱼烂肉当诱饵引蝇授粉，作为蜜蜂授粉的辅助手段，可以提高坐果率（图6-4）。

图6-4 苍蝇授粉

四、4月管理技术

澳洲坚果第二次生理落果，在花后3～8周，一般在4月中旬到5月下旬。主要原因是：此时期是果实迅速膨大期，养分、激素失衡引起落果，此期落果最为严重，伴有病虫危害落果，如椿象引起落果。为减少第二次生理落果，要在这个时期（果实长到绿豆大小时），喷施药剂，同时补充营养，以达保果目的（图6-5）。

施肥：每株施肥量为尿素0.2千克，复合肥（N：P：K＝15：15：15）0.5千克，硫酸钾0.2千克。

喷施药剂：氨基酸＋磷酸二氢钾＋杀虫剂＋杀菌剂。

注意事项：此次为最重要一次保果，太早果实容易被喷掉，太晚果实已经被椿象危害，喷药时注意调整好喷头压力，避免因喷头压力过大冲刷掉幼果。

图6-5 喷药保果

五、5月管理技术

5月是果实迅速膨大期，需要大量的营养，如果营养跟不上，容易引起落果。同时，蛀果螟、荔枝小卷蛾等害虫活动比较活跃，此时要积极做好保果工作。

喷施药剂（谢花后30天）：叶面肥，植物激素，可结合病虫害防治同时用药。

追施壮果肥：每株中氮低磷高钾复合肥0.5千克兑水淋施或与农家水肥淋施（图6-6），无水源可沿树冠滴水线开5 ～ 10厘米的浅沟撒施后覆土。

施用浓度：详见表6-1。

表6-1 澳洲坚果壮果肥施用浓度表

种类	名称	施用浓度	施用方法
叶面肥	氨基酸	1 000 ～ 1 500倍	淋湿树体
植物激素	防落素	每千克水加10 ～ 25毫克	淋湿树体
	赤霉酸	每千克水加10 ～ 20毫克	淋湿树体
	芸苔素内酯	每千克水加0.4 ～ 1.0毫克	淋湿树体
	胺鲜酯	每千克水加10 ～ 20毫克	淋湿树体

注意事项：植物激素保果是技术要求比较高的操作，一般由专门的技术人员或经过技术培训的工人操作，且必须严格掌握用药的时间和浓度，否则可能出现严重后果。品种、树龄、管理水平不同，用量不同，可少量几株试验后使用。激素使用不宜贪多，一个生产周期内只选择1～2种激素与叶面肥混合使用。

图6-6　水肥淋施

六、6月管理技术

澳洲坚果第三次生理落果，一般在6月底到7月初，此次落果量相对比较少，也是养分、激素失衡及病虫危害导致的落果为主。喷施一次药剂（谢花后90天）：芸薹素＋氨基酸＋磷酸二氢钾＋杀虫剂＋杀菌剂。

表6-2为防治澳洲坚果病虫害常用药剂使用浓度推荐。

表6-2　澳洲坚果常用药剂使用浓度推荐表

种类	推荐浓度	注意事项
叶面肥	500～2 000倍液	常用1 000倍液喷施，若所用叶面肥具有调节作用，如：膨果、促花等，建议使用高倍数或产品推荐浓度
杀菌剂	800～1 500倍液	视发病情况而定。未发病可喷施高倍数保护性杀菌剂，如：1 500倍液代森锰锌；小范围发病，可使用中倍数治疗性杀菌剂，喷施发病植株及其周围植株；大范围发病，则使用低倍数全园喷施

（续）

种类	推荐浓度	注意事项
杀虫剂	500 ~ 2 000 倍液	视果园虫群数量及害虫发生规律而定。倍数越小则使用浓度越大，建议使用不同作用类型复配的杀虫剂，且要注意轮换用药避免抗药性
植物调节激素	1 000 倍液或按商品推荐浓度	植物调节激素会因使用浓度的不同其作用也会不同，故使用前建议试喷，以确定使用浓度及作用

注：不同药剂混用时，应注意各药剂的酸碱性质及不能混配的药剂，建议少量试配看是否发生反应。

七、7—8月管理技术

这个时期果实接近成熟，鼠害比较严重，重点预防鼠害（图6-7）。应采取以下措施。

1.清洁果园　清除杂草枯叶，保持果园清洁，不给鼠类提供隐蔽、栖息场所。

2.捕杀　用鼠夹或鼠笼可以捕杀少数害鼠个体，危害面积小可以考虑用捕杀的方法。

3.投放毒饵　可以用澳洲坚果果仁、玉米、花生等鼠类喜食的新鲜饵料，用杀鼠剂母液搅拌配成毒饵，此法可降低用药成本，提高毒饵的适口性。毒饵补投原则：吃多少补多少、吃完加倍、不吃移位。

4.专用药剂　使用鼠类追踪膏。在鼠类从栖息场所前往取食点的途经处布置追踪膏，如主树干。啮齿动物有清理毛发和爪子的习性，爪子黏附追踪膏后，会用嘴进行清理，从而被动摄入鼠药，达到灭鼠效果。追踪膏可保持长时间的效果，但要防止其他动物的误触，若果园靠近村落或有其他动物出没，不建议使用此法。

图6-7 鼠害

八、9月管理技术

1.捡落地果 正式采收前，捡一次落地果，落地果不能与正式采收的青果混一起销售。

2.9月白露过后采收坚果质量最好 果实成熟后，内果膜由褐色变为深褐色，果壳坚硬，果皮易剥离，此时种仁饱满，呈白色或乳白色，风味清香，是果实采收的最佳时期（图6-8、图6-9）。采收过早种仁会不饱满，出仁率低，果皮不易剥离，且不耐贮藏；采收过晚，则果实落留地面时间过长，会增加受病菌感染的机会，导致果实品质下降。

3.采收中应当注意以下几个原则

①采收的果实必须在24小时内脱去青皮并立即进行干燥处理，因为堆捂的果实不通风而极易导致果仁的变色、霉变而产生损失。

②果实掉落地面后，至少2～3天捡收1次。若收获间隔期长，由于地面潮湿，会导致种子发芽、霉变、酸败，且利于病、虫、鼠对果实危害，从而造成产量损失和果仁品质卜降，故应尽量缩短收获间隔期。在澳洲坚果种植区域，每年白露后（9月）为果实成熟期。

③果实应分品种采收，以便于成熟度控制及加工处理。

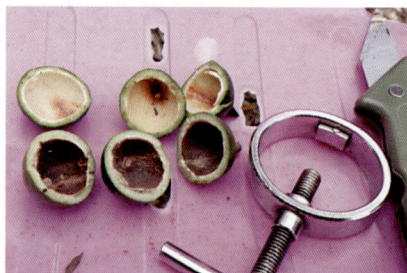

图6-8　内果皮变褐色

图6-9　果实采收

九、10月管理技术

　　果树经过一年的产出，果实生长消耗了大量的营养，采果后需要补充营养。

　　施肥方法：采果后结合深翻扩穴进行，在大树滴水线处挖2～3米长的施肥坑，在坑内施底肥（图6-10A），坑深30厘米，坑宽20厘米；每次每株施用有机肥5～20千克＋复合肥0.5～2千克＋钾肥0.3～1千克＋微量元素肥50～200克，与表土混合均匀（图6-10B），回土填平。

图6-10　条状坑施肥

十、11月管理技术

澳洲坚果本身具有生长旺盛、发枝量强、枝条生长量过大和分枝多的特点。多数果农在采果后，不重视采后修剪，导致徒长枝增多、树冠郁闭、通风透光不良，影响花芽分化，病虫发生严重，造成第2年产量和品质下降，出现"春开花满树，夏天叶满枝，果儿挂得少，都在树枝梢"的现象。因此，我们要做好采后的修剪工作。

具体修剪方法：①开"天窗"（图6-11）。对树冠高大，一般超过6～7米，树体生长茂盛，内膛枝叶生长茂密，光照条件差的树，在树冠顶部选取最高的1～2条大枝，在枝条基部进行修除，不要留树桩，避免萌生更多小枝，造成二次荫蔽，同时开"天窗"也起到了控制树体高度的作用。②剪下垂枝。着生在树冠下部的下垂枝、扫地枝，进入结果期后，光照不良，成花困难，还易传播病虫，影响通风透光和田间操作，应全部剪除。③疏枝（图6-12）。通过开"天窗"、剪下垂枝后，在东西南北四个方向，主要针对病虫枝、枯枝、交叉重叠枝以及内膛的徒长枝和落果后遗留在结果枝上的果柄等疏除清理，最后达到通风透光的效果。在回缩更新后，对再生萌发的枝条要及时疏芽定梢或摘心短截。

图6-11　开"天窗"

图6-12　疏枝

十一、12月管理技术

如果果园里的病虫较多，次年的病虫害就会增加，虽然冬天病虫害不易发生，但病源和虫源是依然存在的，当它们成功越冬后，来年就会给果树造成巨大损害。为了降低来年病虫的危害程度，果农们需要提前做好预防，在冬季消除果园内的病源、虫源，同时也可以减少果树在生长时期用药的次数，这样也可以减少对果树造成的伤害，果农们也会因此降低种植时的成本，让收益进一步提升。

果园冬季清园注意事项：

（1）**清扫果园** 果园冬季修剪后，应该及时把修剪后的枝条、坏果、杂草、带出果园深埋或烧毁，最大程度地降低病虫越冬虫基数。

（2）**喷洒药剂** 用5波美度石硫合剂树上喷雾。在对果树进行喷药时，应该从上往下喷，直到有药液流淌为止，另外还要对地面、渠边进行喷雾，这样才可彻底地将园内的害虫、病菌杀死。

（3）**树干涂白** 在涂白前（图6-13），应该把翘起来的皮和流胶刮掉，然后再把涂白液涂在果树的主干和大枝根部，这样可以更好地保护树体，避免果树受到冻害或日灼。通常所用的涂白液是由水、生石灰、硫黄和食盐配制而成，比例是40：10：1：1，同时加入少量的石硫合剂。

（4）**促花** 喷氨基酸叶面肥浓度为1 000～1 500倍液，硼砂溶液浓度为0.2%，混合喷施。

图6-13 树干涂白

第七章　澳洲坚果间套种周年管理

一、间套种经济作物

澳洲坚果是一种多年生的高大果树，一般需要种植4年以上才有较好的收益，投入产出周期较长。在种植的时候，行间距一般在5～7米，在幼龄树生长过程中，行间距比较大，合理利用这部分空闲土地，种植一些短期经济作物，可以提高果园短期经济效益，达到"以短养长，长短结合"的目的，同时改善果园土壤结构，促进幼树的生长。合理发展澳洲坚果间套种模式，能创造出更高的经济效益和生态效益。

（一）间套种经济作物的效益

1.减少水土流失　澳洲坚果生长前期大部分的表土裸露，当大雨来临时表土极易随雨水流失，造成土壤肥力下降，间作套种可以增加土地覆盖度，对防止土壤板结，减少水土流失有一定的作用。

2.改善生态环境，提高土壤肥力　澳洲坚果园间作套种，能形成一个水、肥、气、热协调的生态系统，使园土得到尽快改良和熟化。作物收获后，充分利用间套种作物的秸秆覆盖树冠地面、压青，一是可抗旱保湿，减少地面水分的蒸发；二是可防杂草丛生；三是秸秆腐烂后，增加土壤有机质，改善果园土壤理化性质和结构。

3.提高经济效益 由于澳洲坚果生长周期长，投资回收慢，短期内没收入，而且尚需不断投入。间作套种能提高空间利用率，经实践表明套种一造西瓜每亩可增收800～1 000元，花生150～200元，大豆200～300元。"以短养长、长短结合"解决资金回收问题，提高投入效益，增加单位面积收入。

（二）适合套种的作物

豆科作物：豆科作物根部具有根瘤菌，具有固氮功能，套种豆科作物不仅可以带来经济效益，更重要的是可以提高果园土壤肥力。适合澳洲坚果园套种的豆科作物有：黄豆、绿豆、花生（图7-1）、眉豆、小饭豆（图7-2）等。

图7-1 澳洲坚果套种花生

图7-2 澳洲坚果套种小饭豆

瓜类作物：瓜类作物生长量大，产量高，短期套种可以增加土地收益，同时藤蔓覆盖性强，可以有效抑制果园杂草，减少除草劳动成本。适合澳洲坚果园套种的瓜类作物有：西瓜（图7-3）、南瓜（图7-4）、香瓜等。

图7-3 澳洲坚果套种西瓜

图7-4 澳洲坚果套种南瓜

中草药作物：中草药经济效益高，套种合适的中草药作物能够获得较高的收益。适合澳洲坚果园套种的中草药作物有：藿香（图7-5）、天冬、百部等。

一年生蔬菜作物：蔬菜作物生长周期短，收获次数多，能产生较大的经济效益。适合

图7-5 澳洲坚果套种藿香

澳洲坚果园套种的一年生蔬菜作物有：芥菜（图7-6）、包菜、辣椒（图7-7）等。

图7-6 澳洲坚果套种芥菜

图7-7 澳洲坚果套种辣椒

套种菠萝：菠萝经济效益非常大，但投资和技术要求较高，在资金和技术具备的条件下套种菠萝，可以使果园提前达到收支平衡。

（三）间套种管理要点

1.**主次分明**　进行间套种时，应当明确澳洲坚果树的主体地位，间套种的经济作物仅是为了增加短期经济效益，因此，间套种不能影响澳洲坚果幼树的生长。应选择低矮的作物，控制间套种作物密度，留足空间给澳洲坚果幼树生长，应将作物种植在树冠滴水线30～50厘米以外，避免间套种作物与果树争水争肥。

2.**合理轮作换茬**　间套种的作物要经常更换，不能连续种植单一种作物，以避免长期种植单一作物造成土壤养分不平衡或产生病虫害。

3.**施足底肥**　为确保澳洲坚果幼苗的正常生长不受间套种作物影响，应当在间套种时施足量底肥，保证经济作物生长和保持果园土壤肥力。除豆科作物外，其余作物在播种和种植前应施足基肥。

4.**防治病虫害**　经济作物比较容易发生病虫害，在种植管理中，要及时用化学或用生物方法防治。在防治的过程中应注意澳洲坚果幼树的保护，喷洒的农药不能影响澳洲坚果幼树的正常生长，应使用高效低毒低残留农药，并掌握好用药间隔期。

5.**松土除草**　果园土壤肥力有限，在进行间套种时要注意松土除草，保持土壤肥力，人工松土除草时注意不要伤及澳洲坚果树的根部。有条件可采用地膜覆盖，防止杂草丛生。

6.**适时采收**　经济作物成熟后，应根据市场走向及时采收。避免经济作物长时间留在果园中，造成病虫害或鼠害，从而造成损失且不利于澳洲坚果树生长。

（四）澳洲坚果套种菠萝案例

1.整地要求 菠萝种植于澳洲坚果行间，每行间起双垄，垄与垄中间留操作行，垄边与澳洲坚果间距120～160厘米；每垄中间挖基肥沟，施入基肥，与起沟时的土壤拌匀后回填，最后覆盖一层表土，整平；再用银黑双面地膜平铺于垄面上，按拟定种植株行距开种植孔，四周用土块压紧。

2.品种选择 选用耐阴性好、抗逆性强、适应性广、优质高产的菠萝品种，如：手撕菠萝、西瓜菠萝、台农16号。

3.种植时间 菠萝适合全年种植。

4.种植规格 澳洲坚果的株距为4～6米、行距为6～8米。菠萝的株距为33～35厘米、行距为40～45厘米。

5.种苗处理 菠萝种植前，除去基部几片叶片，再浸泡基部消毒，消毒后的种苗待伤口干燥后再定植。

6.种植方法 在定植位挖小穴，放入芽苗，扶正，回土，并压实植株周围土壤。

7.施肥方法 菠萝定植成活后的3～9个月，每隔2～3个月施肥一次，共施3次；催花前1个月，施用叶面肥、黄腐酸钾、海藻精和甲壳素肥1～2次；催花前10～15天对叶面喷施0.1%硝酸钾1次；催花后1个月，按每亩施用硫酸钾40～45千克；现蕾、抽蕾、果实发育期每月对叶面喷施0.1%硝酸钾1～2次；小果期叶面喷施2～3次硝酸钙镁800～1 000倍液防裂果，间隔期10～15天。

8.田间管理 菠萝的催花阶段，在植后10～12个月进行，叶片长度达到60～70厘米以上，叶片数达30～35片时可催花；催花前1个月停施氮肥；催花选择在5月，催花时采用乙烯利或电石溶液灌心，共灌施2次，每次间隔3～5天；菠萝在果实形成小果1个月内，用1 000～1 500倍液多菌灵喷雾进行消毒，然后套袋。

9.病虫害防治 常规方法相同。

10.果实收获 菠萝成熟时，夏秋果每天采收1次，冬春果3～5天采收1次（图7-8）。

图7-8 澳洲坚果套种菠萝

二、果园生草

果园生草是对全园或行间进行生草，避免土壤暴露，每年刈割或常年不刈割的一种土壤管理方法。对保持土壤基础肥力、改善土壤生态环境、促进果树产业的可持续发展具有重要意义。传统的清耕法通过物理或化学方法对果园进行灭绝式除草，果园土壤长期裸露，极易造成果园水土流失（图7-9），土壤肥力下降，病虫害频发，果实品质下降，从而进一步增加了果园的肥料投入成本。据调查，我国澳洲坚果园普遍采用传统的清耕法，每年平均使用2～3次除草剂，平均果园土壤有机质含量仅为0.44%。我国于1998年将果园生草制作为绿色果品生产主要技术措施在全国推广，但截至目前，生草的果园面积不足10%，生草栽培措施仍处于小面积试验及应用阶段。研究表明：1990—2020年间，与不生草果园相比，果园生草土壤有机质、碱解氮、有效磷含量可分别提高18%、11%、27%，土壤容重降低20%；当气温低于10℃时，果园生草可使土壤温度增加23%；当气温高于10℃时，果园生草可使土壤温度降低8%左右。与一年生草相比，果园连续多年生草，无论是自然生草，还是人工生草，都显著提升了果园土壤质量、产量和果实品质（如可溶性固形物含量）。因此，果园长期生草对果园的可持续生产具有深远意义。

图7-9　水土流失

（一）果园生草模式

从草种出发，果园生草模式分为自然生草模式和人工生草模式。前种模式中的生草一般对当地气候和环境有较强的适应性，而后者多是有目的地种植对果树有益的特定的绿肥草种，可以定向改善土壤特质，改善果园生境。在实际生产中，应结合二者，以达到可控稳定的果园生境。一般建议在建园初期进行人工生草，以达到快速覆盖果园，加快果园土壤改良，抑制其他恶性杂草的目的。在生草管理过程中要选留自然生长的良性杂草，清除恶性杂草，始终保持良性草的种群优势度。

（二）草种选择

草种选择原则：①一年生或多年生，植株低矮或匍匐生长，须根或浅根。②较高产草量和覆盖效果，耐阴易管理，耐践踏碾压，能安全越冬。③与澳洲坚果树无共同病虫害，非澳洲坚果树害虫和病菌的寄生或宿主寄生。

1. 人工生草的草种选择 应遵循因地制宜原则，根据地块类型以及草种特点选择合适草种（表7-1），如山地果园的梯田面应选择耐旱、根系浅的草种；坡面应选择根系深，或匍匐性强的护坡草种；平地灌区果园选择耐阴草种，一般选择多种混合草种共同播种以达到全年覆盖的效果，如光叶紫花苕（图7-10）＋柱花草，光叶紫花苕＋肥田萝卜＋小饭豆（图7-11）。

表7-1 澳洲坚果绿肥草种分类表

	冬季绿肥	夏季绿肥
豆科	光叶紫花苕、紫云英、箭筈豌豆	田菁、白三叶、饭豆、小饭豆、眉豆、柱花草、草木樨
禾本科	鼠茅草、黑麦草	宽叶雀稗、狗牙根
十字花科	肥田萝卜、油菜	—

注："—"表示没有适合夏季生长的十字花科绿肥。

图7-10 光叶紫花苕

图7-11 小饭豆

2.自然生草的草种选择 据初步调查，澳洲坚果园杂草种类超过33科、65属、77种，主要集中在禾本科、菊科、豆科、茜草科和莎草科。其中禾本科主要有白茅、淡竹叶、荩草、宽叶雀稗、牛筋草、五节芒等；菊科主要有藿香蓟（图7-12）、胜红蓟、小飞蓬、飞机草、一点红等；豆科主要有假地豆、链荚豆、三叶草、葫芦茶等；茜草科主要有阔叶丰花草、牛白藤、四叶葎等；莎草科主要有垂穗莎草、香附子等。根据杂草的高度、茎蔓长度、攀缘性等特点，将杂草区分为良性杂草（高度小于50厘米的直立性杂草和茎蔓长度小于50厘米的蔓生及攀缘性杂草）和恶性杂草（高度大于50厘米的直立性杂草和茎蔓长度大于50厘米的蔓生及攀缘性杂草）。在果园生草过程中从自然生长的杂草中有选择性地选留良性杂草，人工清除恶性杂草，既提高了果园生境，同时减少了人工成本。

良性杂草主要有：繁缕、藿香蓟、地捻（图7-13）、小飞蓬、阔叶丰花草、假臭草、黄鹌菜、革命菜、稗草、马唐、酢浆草等。

恶性杂草主要有：鬼针草、竹叶草、铁芒萁、牵牛花、杠板归、白芒、飞机草、薇甘菊、牛筋草等。

图7-12 藿香蓟

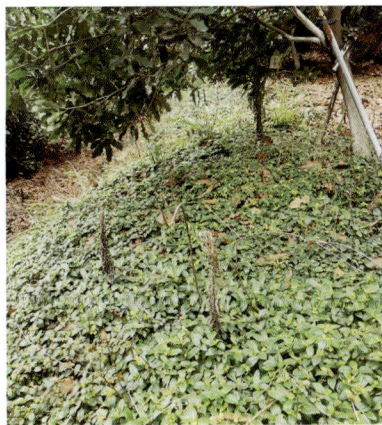

图7-13 地稔

（三）果园生草管理

1.播种前准备　清除石块、枯枝及修剪后的枝叶等杂物，施用足量的腐熟农家肥或有机肥及适量的化肥，将果树行间深翻20～25厘米，播种带应距离果树0.5米，并平整土地（图7-14）。

图7-14　整地

2.播种

（1）**播种时间**　春播夏季绿肥于3月下旬至5月上旬，秋播冬季绿肥于9月中下旬至10月上旬。

（2）**播种方式**　可采用沟播或撒播（图7-15）。沟播先开沟，播种后覆土（图7-16）；撒播先播种，然后均匀地在种子上面撒一层干土。播种宜浅不宜深，以0.5～1.5厘米为宜。

图7-15　撒播

图7-16　覆土

（3）**播种量**　根据不同草种的特性确定适宜播种量，条播每亩的播种量为0.5 ～ 1.5千克，撒播较条播增加20%～ 30%。

3.田间管理

（1）**水分管理**　旱季及时灌溉，保持土壤含水量70%～ 80%，雨季及时排水防涝。

（2）**杂草防控及自然生草**　生草初期，种植的草种长势可能不如杂草，因此要注意及时清除植株高大、多年生的、有攀缘习性的恶性杂草，选留良性杂草。

（3）**刈割更新**　果园生草的草体高度达40厘米以上或开花之前进行刈割（图7-17），留茬高度10 ～ 15厘米，避免伤害草体的根系和基部茎芽，刈割的草体宜覆盖在树盘内，刈割后及时撒施适量尿素，促进草体再生和草残体的腐解。若人工生草的草种优势度降低时，应在刈割后补撒草种以提高优势度。

图7-17　刈割

（4）**翻压更新**　每3 ～ 5年翻压更新1次，翻压时间以晚秋为宜。人工生草的果园翻压更新后宜改种草种。

第八章 澳洲坚果病虫害防治周年管理

一、1—2月病虫害防治

此时天气较冷，病虫害较少，害虫主要以越冬虫态出现，可结合冬季果园管理（清园、树干涂白等）防治。病害主要是叶斑病、寒害等。

（一）澳洲坚果新拟盘多毛孢叶斑病

1.症状 澳洲坚果新拟盘多毛孢叶斑病主要危害叶片。多从叶尖或叶缘开始发病，初期病斑呈水渍状近圆形或不规则形红褐色小病斑，逐步扩展，形成不规则性灰褐色至灰白色的病斑，后期病斑上往往产生黑色小点，即为病原菌的分生孢子盘（图8-1）。

图8-1 澳洲坚果新拟盘多毛孢叶斑病的症状

2.防控措施

（1）**加强栽培管理** 增施有机肥，增施磷钾肥。合理修枝整形，使果园通风透光，降低果园的湿度。

（2）**药剂防治** 局部发病严重时，可喷施70%代森锰锌可湿性粉剂500～800倍液；或50%多菌灵可湿性粉剂400～600倍液；或70%百菌清可湿性粉剂500～800倍液；或50%异菌脲可湿性粉剂600～800倍液；或10%苯醚甲环唑水分散粒剂800～1 000倍液。

（二）寒害

寒害影响是澳洲坚果种植区域的重要限制因素之一。当温度低于−1℃时对幼树造成伤害（图8-2），成年树能抵御短暂的−3℃的低温。幼嫩叶片更容易受低温影响，由于秋季施肥过晚，肥料含氮素过高，叶片抽生过旺未及时老化，容易受寒害，此情况在较冷地区表现明显。轻微寒害表现为叶子变黄至暗褐色，最终嫩叶大量焦枯脱落（图8-3）。如果寒害较严重，则树皮干枯脱落，通常导致树体死亡。

图8-2 小树寒害状

图8-3 嫩叶呈焦枯状

减轻低温寒害措施：

一是应选择无霜地区或霜期短的区域种植。

二是避免在深秋的时候施用氮肥，在低温天气到来之前喷施叶面肥和抗冻剂等提高树体抗性。用绝缘材料（报纸、铝箔、稻草等）松弛地包裹树干或者进行树干涂白。

三是如果只是叶片受寒害时，树体通常自行恢复；如果少量树干受寒害，仅将脱落的树皮除去；如果树干的50%圆周面积受到伤害，对受伤的区域喷洒铜制剂，并涂抹伤口愈合剂；如果树干超过50%的圆周面积受害，通常需要重新种植。

二、3—4月病虫害防治

3—4月为澳洲坚果开花期及春梢期，应注重花期、嫩梢的病虫害防治，害虫主要有蓟马、卷叶蛾、毒蛾、蚜虫等，病害主要有花疫病、灰霉病等。

（一）蓟马

蓟马类害虫多以成、若虫在嫩叶背锉吸汁液，被害叶片叶缘卷曲不能伸展，呈波纹状，叶脉淡黄绿色，叶肉出现黄色挫斑点，似花叶状，最后受害叶片变黄、变脆、易脱落。新梢顶芽受害，生长点受抑制，出现枝叶丛生现象或顶芽枯萎。此外，还可危害花穗、幼果，花器官受害后出现斑点，影响授粉；幼果受害果表皮隆起并覆盖黑褐色胶质膜块或黄褐色粉粒状物。

坚果园中比较常见的蓟马类害虫主要有茶黄蓟马、黄胸蓟马、杜鹃蓟马、红带网纹蓟马等，前三种属于缨翅目蓟马科，后一种属于缨翅目管蓟马科。

1.形态识别特征

（1）茶黄蓟马（图8-4） 成虫：雌虫体长0.9毫米，全体橙黄

色或黄色。头部宽，约为头
长的1.8倍。单眼鲜红色。触
角8节，第1节白色或淡黄色，
第2节与体色相同，第3～5
节的基部常淡于体色。前翅橙
黄色，近基部有一小淡黄色
区。腹部的2～8节背片有暗
前脊，腹片第4～7节前缘有
深色横线。

图8-4 茶黄蓟马

卵：肾形，长约0.2毫米，初期乳白，半透明，后变淡黄色。

若虫：初孵若虫白色透明，复眼红色，触角粗短，以第3节最
大。头、胸约占体长的一半，胸宽于腹部。2龄若虫体长0.5～0.8
毫米，淡黄色，触角第1节淡黄色，其余暗灰色，中后胸与腹部等
宽，头、胸长度略短于腹部长度。3龄若虫（前蛹）黄色，复眼灰
黑色，触角第1、2节大，第3节小，第4～8节渐尖。翅芽白色透
明，伸达第3腹节。4龄若虫（蛹）黄色，复眼前半红色，后半部
黑褐色。触角倒贴于头及前胸背面。翅芽伸达第4腹节（前期）至
第8腹节（后期）。

（2）**黄胸蓟马**（图8-5） 成虫：雌虫体长1.2毫米。胸部橙黄
色，腹部黑褐色。触角7节褐色，第3节黄色，前胸背板前角有短
粗鬃1对，后角2对。前翅灰
色，有时基部稍淡，前翅上脉
基鬃4+3根，端鬃3根，下
脉鬃15～16根，足色淡于
体色。腹部腹板具附鬃。第
5～8节两侧有微弯梳，第8
节背板后缘梳两侧退化。雄虫
黄色，体较雌虫略小。

图8-5 黄胸蓟马

卵：淡黄色，肾形，细小。

若虫：体型与成虫相似，但体较小，色淡褐，无翅，触角节数较少。

（3）杜鹃蓟马（图8-6） 雌虫长约1.6毫米，体暗棕色，前翅灰棕色，体鬃和翅鬃暗，头宽大于长，两颊较外拱，眼前和眼后有横纹，单眼在复眼间中、后部。雄虫长翅型，体较小，黄色。

图8-6　杜鹃蓟马

卵：淡黄色，肾形，细小。

若虫：体型与成虫相似，但体较小，色淡褐，无翅，触角节数较少。

（4）红带网纹蓟马（图8-7） 成虫：体长1.1～1.3毫米，宽0.4毫米，黑色有光泽。触角8节，翅暗灰色。雌虫腹部膨大，雄虫腹部细长。

卵：肾形或扁卵形，长0.2毫米，宽0.11毫米，无色。

若虫：体长0.9～1.2毫米，体橙红色。腹部的第1腹节后缘和第2腹节背面鲜红色。腹末端黑色，有6条黑色刺毛。

图8-7　红带网纹蓟马

2.防治技术

（1）农业防治　加强田间管理，增强植物自身抵抗能力能较好地预防蓟马的侵害。

（2）生物防治　利用蓟马的天敌如捕食性蜘蛛及钝绥螨等可有效控制蓟马的数量。

（3）化学防治　发生前期，选用2.5%乙基多杀菌素悬浮剂

1 000倍液；或5%甲氨基阿维菌素苯甲酸盐水乳剂1 000 ～ 2 000
倍液；或35%联苯·噻虫嗪悬浮剂4 000 ～ 5 000倍液；或27%联
苯·吡虫啉1 500 ～ 2 000倍液喷雾，注意轮换用药。

（二）卷叶蛾

危害澳洲坚果的卷叶蛾类有柑橘长卷蛾、茶长卷蛾、小黄卷
叶蛾、拟小黄卷蛾等，属于鳞翅目卷叶蛾科，幼虫吐丝将嫩叶、
花器结缀成团，匿居其中取食危害幼叶和花穗，被害严重时，幼
叶残缺破碎，花穗残缺枯死脱落。

1.形态识别特征

（1）柑橘长卷蛾（图8-8）　成虫停息时如钟表状。雌成虫体
长10 ～ 12毫米，翅展20 ～ 26毫米；雄虫体略小，体长8 ～ 10
毫米，翅展20毫米左右。触角丝状。前翅略呈长方形，黄褐色，
具前缘折，基部有褐色斑纹，前缘中部有一行深褐色宽带向内
缘斜伸，顶角尖端黑褐色；后翅淡黄色。雄蛾前翅肩部边上卷折
明显。

卵：椭圆形，长径0.80 ～ 0.85毫米，横径0.55 ～ 0.65毫米。
鲜鳞状排列成块。卵表覆盖有胶质膜，初产乳白色，后渐呈黄
白色。

幼虫：末龄幼虫体长22 ～ 24毫米，体宽2.5 ～ 2.6毫米，头
黑褐色，头顶沿中线下凹甚多。颅中沟甚短。前胸背片前缘约1/5
为灰白色，余为黑褐色；中胸和各体节均为黄绿色，背具长刚毛。
前、中足黑色，后足淡黄绿色。腹足4对，趾钩为环形，单行3
序；臀足1对，趾钩单行3序横带。肛门上方具臀栉。

蛹：体长11.5 ～ 12.0毫米，宽3.0 ～ 3.3毫米，一般黄褐色。
胸部蜕裂线明显。舌状突伸至后胸的2/3处。后胸背在舌状突后部
周缘呈底部平坦的凹沟。腹背第2 ～ 8节近前后缘各有一横排钩状
刺突。腹端具8条臀棘。

图8-8　柑橘长卷蛾

A.幼虫　B.成虫

（2）茶长卷蛾　成虫（图8-9）：雌体长10毫米，翅展23～30毫米，体浅棕色。触角丝状。前翅近长方形，浅棕色，翅尖深褐色，翅面散生很多深褐色细纹，有的个体中间具一深褐色的斜形横带，翅基内缘鳞片较厚且伸出翅外。后翅肉黄色，扇形，前缘、外缘色稍深或大部分茶褐色。雄成虫体长8毫米，翅展19～23毫米，前翅黄褐色，基部中央、翅尖浓褐色，前缘中央具一黑褐色圆形斑，前缘基部具一浓褐色近椭圆形突出，部分向后反折，盖在肩角处。后翅浅灰褐色。

卵：长0.80～0.85毫米，扁平椭圆形，浅黄色。

幼虫：末龄体长18～26毫米，体黄绿色，头黄褐色，前胸背板近半圆形，褐色，后缘及两侧暗褐色，两侧下方各具2个黑褐色椭圆形小角质点，胸足色暗。

图8-9　茶长卷蛾成虫

蛹：长11～13毫米，深褐色，臀棘长，有8个钩刺。

（3）**小黄卷叶蛾**（图8-10） 成虫：雌蛾体长7.2～7.5毫米，翅展20毫米左右；雄蛾体长5.5～6.0毫米，翅展14～15毫米。头、胸背面密被黄色鳞毛，腹部鳞毛淡黄色。复眼黑色，触角丝状较短，约为前翅的1/2下唇须3节，较发达，镰刀状前伸不合拢。前翅近长方形淡黄色，基角向前呈弧形突出，臀角也呈弧形。前翅1/2处有一斜向内缘中部淡黄色条纹，近中央处分叉呈h形，近顶角处有一浓黄色斜纹，自前缘伸至臀角。顶角深黄色。雄虫前翅后缘近基角处有一近四方形的深黄色斑块。左右翅合拢时呈近六角形斑。前足胫节仅在中部有小指形的距一枚。中、后足胫节末端各具内短外长的距一对。

卵：卵粒椭圆形，长0.75～0.86毫米，宽0.52～0.61毫米。卵壳具有规则的网纹状，卵表面覆盖一层胶质薄膜，卵粒间呈鱼鳞状排列成块状，初产时乳白色，后变淡黄色。

幼虫：末龄幼虫体长14.6～16.0毫米，宽1.7～2.0毫米。全体未骨化部分为淡红色。头部黄绿或黄褐色，两颊下侧各有一长条黑斑。额沟缝直达头顶，颅中沟缺。前胸背片前半部约2/5为褐

图8-10 小黄卷叶蛾

A.成虫 B.幼虫

红色，后半部黑色。胸部前足和中足黑褐色，后足与体同色；腹足趾钩环状，单行3序；臀足单序横带。

蛹：体长11.5～12.0毫米，宽约2.0毫米，全体淡褐色。头部前端平截状，触角基部较粗并稍隆起。胸背蜕裂线隆起明晰。在前胸的蜕裂线两侧各有一条与之平行的隆起线；舌状突的末端伸达后胸的1/2处；后胸背在舌状突的后方周缘和第1腹节前缘中央处呈底部平坦的凹陷。腹部第10节扁平呈马蹄形，上有卷棘8根。

（4）拟小黄卷蛾

成虫（图8-11）：体黄色，长7～8毫米，翅展17～18毫米。头部有黄褐色鳞毛，下唇须发达，向前伸出。雌虫前翅前缘近基角1/3处有较粗而浓黑褐色斜纹横向后缘中后方，在顶角处有浓黑褐色近三角形的斑点。雄虫前翅后缘近基角处有宽阔

图8-11　拟小黄卷蛾成虫

的近方形黑纹，两翅相合时成为六角形的斑点。后翅淡黄色，基角及外缘附近白色。

卵：椭圆形，纵径0.80～0.85毫米，横径0.55～0.65毫米，初产时淡黄色，后渐变为深黄色，孵化前变为黑色，卵聚集成块，呈鱼鳞状排列，卵块椭圆形，上方覆胶质薄膜。

幼虫：初孵时体长约1.5毫米，末龄体长为11～18毫米。头部除第1龄黑色外，其余各龄皆黄色。前胸背板淡黄色，3对胸足淡黄褐色，其余黄绿色。

蛹：黄褐色，纺锤形，长约9毫米，宽约2.3毫米，雄蛹略小。第10腹节末端具8根卷丝状钩刺，中间4根较长，两侧2根一长一短。

2.防治技术

（1）**农业防治**　冬季清园，修剪病虫害枝叶，砍低果园杂草，将枯枝落叶埋入肥沟。在新梢期、花穗抽发期，巡视果园，人工摘除卷叶、花穗、弱密梢和幼果上的虫苞。

（2）**生物防治**　在发生密度低时，选用较低毒的生物制剂，如苏云金杆菌生物制剂800倍液，或者1.8%阿维菌素4 000～5 000倍液，或者复方虫螨腈可湿性粉剂600倍液喷雾。

（3）**化学防治**　掌握幼虫初孵至盛孵时期及时喷药，每次隔10天左右1次，连续2～3次。药剂有：2.5%溴氰菊酯乳油；或10%氯氰菊酯乳油；或5%高效氯氰菊酯乳油2 000～2 500倍液；或其他菊酯类杀虫剂混配生物杀虫剂。

（三）毒蛾

危害澳洲坚果的毒蛾类主要有双线盗毒蛾、台湾黄毒蛾、角斑古毒蛾、小白纹毒蛾等，均属于鳞翅目毒蛾科，其幼虫咬食新梢嫩叶、花器官、幼果，削弱树势，影响果实生长。

1.形态识别特征

（1）**双线盗毒蛾**（图8-12）　成虫：体长12～14毫米，翅展20～38毫米。体暗黄褐色。前翅黄褐色至赤褐色，内、外线黄色；前缘、外缘和缘毛柠檬黄色，外缘和缘毛被黄褐色部分分隔成三段。后翅淡黄色。

卵：卵粒略扁圆球形，由卵粒聚成块状，上覆盖黄褐色或棕色绒毛。

幼虫：老熟幼虫体长21～28毫米。头部浅褐至褐色，胸腹部暗棕色；前中胸和第3～7和第9腹节背线黄色，其中央贯穿红色细线；后胸红色。前胸侧瘤红色，第1、2、8腹节背面有黑色绒球状短毛簇，其余毛瘤呈污黑色或浅褐色。

蛹：圆锥形，长约13毫米，褐色；有疏松的棕色丝茧。

图8-12　双线盗毒蛾
A.成虫　B.幼虫

（2）**台湾黄毒蛾**（图8-13）　成虫：体长9～12毫米，雌蛾稍大，头、触角、胸以及前翅黄色。触角羽状。前胸背部和前翅内缘有黄色细毛。前翅中央从前缘至内缘有2条白色横带。后翅内缘及基部密生淡黄色的长毛，腹部末端有橙黄色的毛簇。

卵：球形，初产浅黄色，孵化前暗褐色，每卵块有20～80粒卵，分成2排，表面粘有雌成虫黄色尾毛。

幼虫：体长25毫米，体橙黄色，头褐色，体节上有毒毛，背部中央生有赤色纵线。

蛹：圆锥形，色浅，有光泽。

图8-13　台湾黄毒蛾
A.成虫　B.幼虫

（3）**角斑古毒蛾**　成虫：雌雄异型。雌虫体长为11～17毫米，长椭圆形，头胸部小，触角丝状，只有翅痕。体上有灰和黄白色绒毛。雄虫体长10～12毫米，翅展28～32毫米。触角羽状，体灰褐色，前翅红褐色，翅顶角处有个黄斑，后缘角处有个新月形白斑。后翅栗褐色，缘毛黄灰色。

卵：扁圆形，直径0.8～0.9毫米，初产时为乳白色，有光泽。

幼虫（图8-14）：老熟体长40毫米左右。体黑色，侧面有黄褐色线纹。前胸背部和第8腹节背面各有1对黑色长毛丛。第1～4腹节背部有黄色短毛刷。

图8-14　角斑古毒蛾幼虫

（4）**小白纹毒蛾**　成虫：雄虫体长26毫米，呈黑褐色，前翅具暗色条纹；雌虫翅退化，体长15毫米，体呈椭圆形，黄白色，胸足3对。

卵：圆形，初产时浅黄色，孵化前褐黄色，中间有1黑点。

幼虫（图8-15）：体长20～39毫米。头部红褐色，体部淡赤黄色，全身多处长有毛块，且头端两侧各具长毛1束，背部有4束黄毛，胸部两侧各有白毛束1对，尾端背部生长毛1束，腹足5对。

蛹：白色，长10～20毫米，宽7～14毫米。

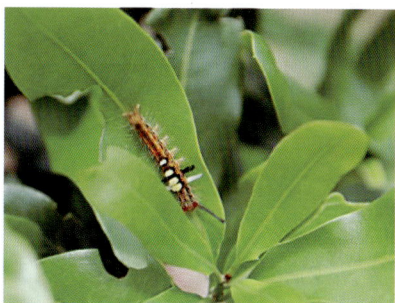

图8-15　小白纹毒蛾幼虫

2.防治技术

（1）**农业防治**　收集带卵块及初孵幼虫的叶子，集中烧毁。

（2）生物防治

①保护和利用天敌，寄生性天敌有姬蜂、小茧蜂等。

②应用白僵菌、绿僵菌、苏云金杆菌防治第一、二代幼虫。

（3）化学防治　幼虫3龄前是防治适期，药剂有：20%氰戊菊酯1 500倍液与5.7%甲维盐2 000倍混合液；或40%啶虫·毒死蜱1 500 ～ 2 000倍液；或10%吡虫啉可湿性粉剂2 500倍液；或50%辛硫磷乳油1 000 ～ 1 500倍液。可连用1 ～ 2次，每次间隔7 ～ 10天。

（四）蚜虫

危害澳洲坚果的蚜虫有多种，均属于半翅目蚜科，其若虫、成虫以刺吸的方式危害澳洲坚果的嫩芽、花穗，造成嫩叶扭曲，削弱树势，影响生长；花穗干枯脱落，影响产量；刺吸幼果，影响果实品质。

1.形态识别特征

（1）橘蚜（图8-16）　成虫：无翅胎生雌蚜，全体漆黑色，复眼红褐色，触角6节，灰褐色。足胫节端部及爪黑色，腹管呈管状，尾片乳突状，上生丛毛。

有翅胎生雌蚜：翅2对白色透明，前翅中脉分三叉，翅痣淡褐色。

图8-16　橘蚜

无翅雄蚜：体深褐色，后足特别膨大。

卵：椭圆形，初为淡黄色渐变为黄褐色，最后为漆黑色，有光泽。

若虫：体褐色，复眼红黑色。

（2）**桃蚜**（图8-17） 成虫：
无翅胎生雌蚜体长约2.6毫米，
宽1.1毫米，体色有黄绿色、洋
红色。腹管长筒形，长于尾片，
尾片黑褐色，尾片两侧各有3根
长毛。有翅胎生雌蚜体长2毫
米。腹部有黑褐色斑纹，翅无
色透明，翅痣灰黄或青黄色。
有翅雄蚜 体长1.3 ~ 1.9毫米，
体色深绿、灰黄、暗红或红褐。
头胸部黑色。

图8-17 桃蚜

卵：椭圆形，长0.5 ~ 0.7
毫米，初为橙黄色，后变成漆黑色而有光泽。

若虫：近似无翅胎生雌蚜，淡绿或淡红色。

（3）**橘二叉蚜**（图8-18）
成虫：有翅胎生雌蚜体长1.6
毫米，体黑褐色，具光泽，触
角暗黄色，第3节具5 ~ 6个
感觉圈，前翅中脉仅一分支，
腹背两侧各有4个黑斑，腹管
黑色长于尾片。无翅胎生雌蚜
体长2毫米，暗褐至黑褐色，
胸腹部背面具网纹，足暗淡
黄色。

图8-18 橘二叉蚜

卵：长椭圆形，黑色有光泽。

若虫：与无翅胎生雌蚜相似，体较小，1龄体长0.2 ~ 0.5毫米，
淡黄至淡棕色。

2.防治技术

（1）**农业防治**　加强田间管理，清除或减少虫源植物。

（2）**生物防治**　蚜虫的天敌有双带盘瓢虫、细缘唇瓢虫、狭臀瓢虫、六斑月瓢虫、白斑猎蛛、猎蝽等，可加以保护和利用。

（3）**化学防治**　发生严重时可喷用50%啶虫脒水分散粒剂3 000倍液；或5.7%甲维盐乳油2 000倍液；或2.5%鱼藤酮乳油300～500倍液；或1.8%阿维菌素乳油3 000～4 000倍液喷雾。

（五）花疫病

澳洲坚果花疫病主要危害未发育完全的花序，也可危害正在发育的幼果、顶梢嫩枝及未伸展的嫩叶，对产量造成严重影响。

1.症状　主要危害花序，发病初期花序呈现水渍状的褪绿小斑点，随着病斑的迅速扩展，最终导致整个花序变黑褐色坏死，造成花序大量脱落。受害幼果不能正常发育，幼果也不脱落。

2.防控措施

（1）**严格执行植物检疫**　新植区引进种苗时要严格检疫，避免将该病带进无病区。

（2）**加强栽培管理**　大田种植时要选择合理的株距，并对植株进行适当修剪，以利果园通风透光，降低湿度。避免在冷凉、潮湿及多雨地区种植澳洲坚果。

（3）**保持好果园卫生**　发病初期及时剪除有病的花序，尽量降低病菌数量。

（4）**药剂防治**　发病初期选用代森锰锌可湿性粉剂加高脂膜喷雾防治，也可选用苯菌灵或啶酰菌脲胺等。保持好田间卫生，清除病花和病幼果；每年冬春季节，进行适当修剪，使果园通风透光，降低果园湿度；发病初期喷施甲霜灵或烯酰吗啉或甲霜·锰锌等药剂。

（六）灰霉病

澳洲坚果灰霉病主要危害花序，受害花序不能发育，大大减少结果量，幼树新抽的嫩芽也可受害。

1.症状 花序：染病花序顶端的小花及花序轴上呈现棕色的小坏死斑，造成花序顶端不能正常生长、顶端干缩。条件适宜时病情迅速扩展，常导致整个花序短期内变为黑褐色，后期整个花序枯萎、脱落（图8-19 A）。

嫩叶：主要发生于幼树的新抽嫩芽上，在冬季低温高湿时，幼树新抽嫩叶上呈现细小的水渍状斑点，随病情发展，整片病叶变黑，在病斑表面长出一层灰绿色的霉状物，后期造成新抽叶及枝条枯死（图8-19 B）。

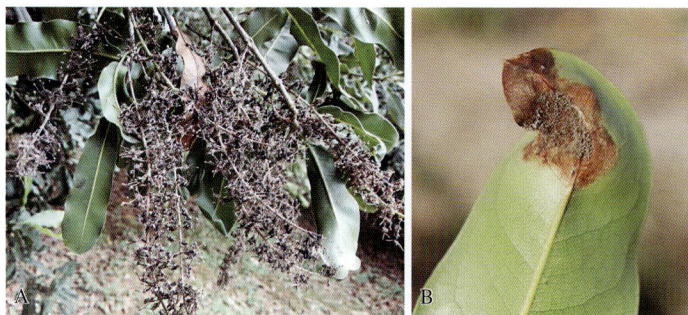

图8-19 澳洲坚果灰霉病的症状
A.花序上的症状 B.嫩叶上的症状（示灰色霉状物）

2.防控措施

（1）**加强栽培管理** 避免高密度种植，合理修剪，使果园通风透光，有利于空气流通，降低湿度。

（2）**药剂防治** 发病初期选用50%甲基硫菌灵可湿性粉剂500～600倍液；或50%代森锌可湿性粉剂600倍液等；也可选用苯菌灵或异菌脲等喷雾防治。

三、5—6月病虫害防治

5—6月为澳洲坚果果实膨大期及夏梢期,防治重点是果实及梢叶病虫害,害虫主要有椿象、介壳虫、蜡蝉、蚱蝉、袋蛾、刺蛾、夜蛾、象甲、天牛、金龟等。该时期的刺吸式害虫如椿象、介壳虫、蜡蝉、蚱蝉等往往造成果实败育,是害虫防治的重点时期。病害主要有炭疽病、白绢病等。

(一)椿象

蝽类害虫以成虫、若虫刺吸嫩枝、花穗和幼果的汁液,导致落花落果。其分泌的臭液触及花蕊、嫩叶及幼果等可导致接触部位坏死,刺吸危害嫩果,严重影响品质和产量(图8-20、图8-21)。

图8-20 蝽类危害坚果

图8-21 蝽类正在刺吸危害

1.形态识别特征

(1) 茶翅蝽 成虫(图8-22):体长15毫米,宽8毫米,体扁平,茶褐色或黄褐色,前胸背板、小盾片和前翅革质部有黑色刻点,前胸背板前缘横列4个黄褐色小点,小盾片基部横列5个小黄点,两侧斑点明显。

卵：短圆筒形，直径0.7毫米左右，周缘环生短小刺毛，初产时乳白色、近孵化时变黑褐色。

若虫：分5龄，初孵若虫近圆形，体为白色，后变为黑褐色，腹部淡橙黄色，各腹节两侧节间有一长方形黑斑，共8对，老熟若虫与成虫相似，无翅。

图8-22　茶翅蝽成虫

（2）**角盲蝽**　成虫体长5～6毫米，宽1.2～1.5毫米。长形、黄绿色、头小、后缘黑褐色；触角细长约为体长的两倍，第1节长于头与前胸背板之间；前胸背板前方缩小呈颈状；小盾片后缘圆形，其前端长有一稍向后弯、顶部呈小圆球状的小盾片角；前翅淡灰色，具虹彩；足土黄色，其上散生许多黑色斑点。

若虫（图8-23）：共5龄，5龄若虫体长5毫米，体宽1.4毫米，长形、全体黄绿色。

图8-23　角盲蝽若虫

（3）**麻皮蝽**　成虫（图8-24）：体长18～24.5毫米，宽8～11.5毫米。体黑褐密布黑色刻点及细碎不规则黄斑。头部狭长，触角5节黑色，第1节短而粗大，第5节基部1/3为浅黄色。头部前端至小盾片有1条黄色细中纵线。前胸背板前缘及前侧缘具黄色窄边，小盾片、前翅革质部布有不规则细碎黄色斑纹；前翅膜质部黑色。胸部腹板黄白色，密布黑色刻点。各腿节基部2/3浅黄，两侧及端部黑褐，各胫节黑色，中段具淡绿色环斑，腹部侧接缘各节中间具小黄斑，腹面黄白，节间黑色，两侧散生黑色刻点，气门黑色，腹面中央具一纵沟，长达第5腹节。

图8-24　麻皮蝽成虫

卵：短圆筒形，顶端有盖，周缘具刺毛。

若虫：各龄若虫前尖削后浑圆，末龄体长约19毫米，似成虫，自头端至小盾片具一黄红色细中纵线。体侧缘具淡黄狭边。腹部3～6节的节间中央各具1块黑褐色隆起斑，斑块周缘淡黄色，上具橙黄或红色臭腺孔各1对。腹侧缘各节有一黑褐色斑。

（4）油茶宽盾蝽　成虫（图8-25）体长16～20毫米，宽10.5～14毫米，宽椭圆形，前胸背板为橘黄色至红色，小盾片主要以白色至米黄色为底色。头部黑色，具有金属光泽；前胸背板侧角圆，不突出，前缘凹，前角处各有1黑斑，后半部中线两侧有2个横形不规则大黑斑；小盾片基部有2行7个黑斑，第1行5个黑斑，中线上黑斑纵向，其两侧2个黑斑横向，外侧2个黑斑较小，近前角处，第2行2个黑斑靠近第1行中线两侧横形黑斑，在多数个体上第1行中间3个黑斑与第2行黑斑融为一体，成为1个大的不规则黑斑；小盾片后半部有1行4个黑斑，中线两侧黑斑很大，圆形至横形，两侧2个黑斑小，甚至消失；前胸背板及小盾片上的黑

图8-25　油茶宽盾蝽成虫

斑周围均有橘黄色至红色色带包围，黑斑具有金属光泽，斑块大小变异较大，相邻斑块可相连。小盾片覆盖整个腹部，多数不露出膜翅。

若虫：一般体长3毫米，近圆形，橙黄色，具金属光泽，共5龄。

（5）**角盾蝽**　成虫（图8-26）：体长16～28毫米，宽10.5～13.5毫米。黄褐或棕褐，刻点同色。头中叶长于侧叶，基部及中叶基大半金绿色；触角紫蓝，第4、5节黑色，前胸背板有2～8个小黑斑，此斑有些个体互相连接；侧角略向前指，末端尖刺状或缺。小盾片上有6～8个小黑斑，各斑周缘淡黄。前翅革质部基处外域紫蓝色，膜片淡黄褐，末端伸过腹末。足除前、中腿节基大半为棕褐色外，余均暗金绿。腹部腹面黄褐色，第2～5节中央具纵浅槽其两侧及各节侧缘各有1个紫蓝色斑块。

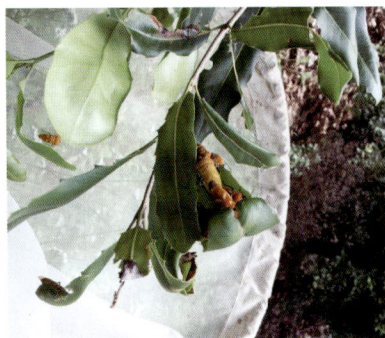

图8-26　角盾蝽成虫

（6）**稻棘缘蝽**　成虫（图8-27）：体长9.5～11毫米，宽2.8～3.5毫米，体黄褐色，狭长，刻点密布。头顶中央具短纵沟，头顶及前胸背板前缘具黑色小粒点，触角第1节较粗，长于第3、4节纺锤形。复眼褐红色，单眼红色。前胸背板多为一色，侧角细长，稍向上翘，末端黑。

卵：长1.5毫米，表面生有细密的六角形网纹，卵底中央具1圆形浅凹。

图8-27　稻棘缘蝽成虫

若虫：共5龄，3龄前长椭圆形，4龄后长梭形。5龄体长8～9毫米，宽3.1～3.4毫米，黄褐色带绿，腹部具红色毛点，前胸背板侧角明显生出，前翅芽伸达第4腹节前缘。

（7）**黑竹缘蝽**　成虫（图8-28）：体长18～24毫米。活成虫的前、足胫节及各足跗节橘红色，触角第4节基半部橘红色、端部黄白色。雄虫腹部背板黑色、第1～4节背板两侧赭色。雌虫腹部背板第1～4节赭色突出，黑色仅隐约可见。

卵：椭圆形，长1.6毫米，宽1.2～1.3毫米，顶端部有一白色圆形的卵盖。初产时金黄色，以后随着不断发育而渐变为深褐色。

图8-28　黑竹缘蝽成虫

若虫：若虫5龄，第1、2龄黑褐色，触角长于身体，腹部上翘与身体纵轴略呈40°左右，形似黑蚁；3龄腹部第1节背板基部呈黄色，触角第4节基部呈白色，翅芽开始出现；4龄腹部背板中部黑色，每节侧缘各出现白色斑点1个，翅芽黄白色，触角第4节基部淡红色；5龄体长1.9毫米，前、中足胫节及各足跗节橘红色，触角第4节基部橘红色，端部黄白色。

（8）**红背安缘蝽**　成虫（图8-29）：体长20～27毫米，宽8～10毫米，棕褐色。触角第4节棕黄色。前胸背板中央具1条浅色纵带纹，侧缘直，具细齿，侧角钝圆。后胸臭腺孔和腹部背面橙红色。雌虫第3节腹板中部向后稍弯曲，雄虫则相应部位向后扩延成瘤突，

图8-29　红背安缘蝽成虫

伸达第4节腹板的后缘。雌虫后足腿节稍弯曲，近端处有1个小齿突；雄虫后足腿节强弯曲，粗壮，内侧基部有显著的短锥突，近端部扩展成三角形的齿状突。

卵：长2.2～2.6毫米，略呈腰鼓状，横置，下方平坦。初产时淡褐色，后变为暗褐色，被白粉。

若虫：1龄若虫体长3～4毫米，黑色，形似蚂蚁。前、中、后胸背板后缘平直。2龄体长5～6毫米，黑色。触角第4节基部黄褐色。中胸背板后缘向后屈伸。3龄体长7～9毫米，黑或灰黑色。触角第3节基部，第4节基部1/2及末端黄褐色。中、后胸背板侧后缘向后伸展成翅芽。4龄体长10～14毫米，灰黑或灰褐色。触角除第1、2、3节基部和第4节基部及末端黄褐色外，其余为黑色。翅芽伸达腹部背板第2节后缘或第3节前缘。5龄体长15～18毫米，灰褐或黄褐。触角除第2、3节端部为黑色外，其余为红褐色。翅芽伸达腹部背面第3节后缘或第4节前缘。

2.防治技术

（1）**农业防治**　砍矮澳洲坚果园内的杂草，如乞丐草、猪尿豆、蜘蛛草和其他豆科植物，以减少该类害虫的寄主食料。

（2）**生物防治**　野外的主要天敌有蜘蛛、蚂蚁、胡蜂、鸟、青蛙、蟾蜍等，寄生天敌主要为小黑卵蜂，注意保护和利用。

（3）**化学防治**

①花谢后小果期、果实膨大期，直至6月中旬坚果种壳木栓化，可用10%吡虫啉可湿性粉剂1 500倍液或阿维菌素1 500倍喷雾。15～20天1次，轮换用药。

②若虫发生高峰期，群集在卵壳附近尚未分散时用药，可用菊酯类（溴氰菊酯、氯氰菊酯）等农药2 000～3 000倍液喷雾。

（二）介壳虫

危害澳洲坚果的介类害虫主要有半翅目粉蚧科的堆蜡粉蚧、

盾蚧科的矢尖盾蚧和糠片盾蚧等，它们以若虫、雌成虫刺吸危害澳洲坚果的果实、叶和嫩枝等的汁液，影响果实质量，削弱树势，还能诱发严重煤污病。

1.形态识别特性

（1）**堆蜡粉蚧**（图8-30） 成虫：雌成虫体椭圆形，椭圆形，长3～4毫米，体紫黑色，触角和足草黄色。足短小，爪下无小齿。全体覆盖厚厚的白色蜡粉，在虫体的边缘排列着粗短的蜡丝，仅体末1对较长。雄成虫黑紫色，体长约1毫米，只有一对前翅，半透明，腹末有1对白色蜡质长尾刺。

卵：椭圆形，长约0.3毫米，在卵囊内，卵囊蜡质棉团状，白中稍带微黄。

若虫：体椭圆形，似雌成虫，分节明显。初孵化若虫无蜡粉堆，固定取食后体背及体周开始分泌白色蜡质物，并逐渐增厚。

图8-30 堆蜡粉蚧

（2）**矢尖盾蚧**（图8-31） 成虫：雌虫体长形，橙黄色，长约2.8毫米；胸节间分界明显；雄性头部长，前端圆形，中央微凹。雌介壳长形，黄褐色或棕黄色，边缘灰白色，长2.8～3.5毫米，前狭后宽，末端稍狭，背面中央有一条明显的纵脊，整个盾壳形似箭头而得名。蜕皮壳偏在前端，橙黄色。雄虫体细长，橙黄色，长约1毫米，白色，透明。雄介壳

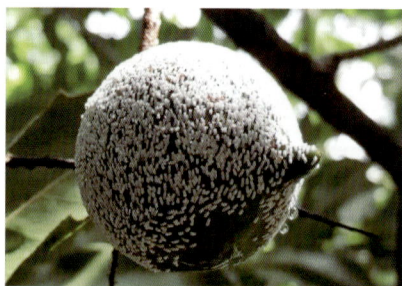

图8-31 矢尖盾蚧

狭长，粉白色，长1.5毫米左右，壳背有3条纵脊。蜕皮壳位于前端，淡黄褐色。

卵：椭圆形，橙黄色，表面光滑。

若虫：初龄橙黄色，触角和足发达。眼紫褐色。1龄若虫（游动若虫）体橙黄色，扁平，长宽为0.25毫米×0.15毫米，触角7节浅棕色，复眼紫色。口器细长弯曲，腹末有尾毛1对。1龄若虫固定后为椭圆形，黄褐色，触角和胸、腹分布明显，纵脊明显可见，尾毛消失，雌雄可辨（雄的腹部多1节体色较深，头部有细长蜡丝数根）。雌2龄若虫淡黄色，触角及足均消失，体被薄膜包围，1龄若虫蜕皮壳在头部，体长宽为1毫米×0.5毫米，体节和臀板明显。雄2龄若虫长卵形，浅褐色，触角及足消失，头、胸部三节和3对臀叶明显。

蛹：前蛹橙黄色，椭圆形，腹部末端黄褐色，长约0.8毫米；蛹橙黄色，椭圆形，长约1毫米。

（3）糠片盾蚧（图8-32） 成虫：雌成虫椭圆形，长0.8毫米，紫红色。介壳长1.5～2毫米，灰白、灰褐、淡黄褐色，中部稍隆起边缘略斜，蜡质渐薄色淡，壳点很小，暗黄绿至暗褐色，叠于第2蜕皮壳的前方边缘，第2蜕皮壳近圆形颇大，黄褐至深褐色，

图8-32 糠片盾蚧

接近介壳边缘。雄成虫淡紫色，触角和翅各1对，足3对，性刺针状。雄介壳灰白色狭长而小，壳点椭圆形，暗绿褐色，于介壳前端。

2.防治技术

（1）农业防治

①加强水肥管理，增加树势，增强抗虫害能力。

②结合果树修剪，剪除密集的弱枝和受害严重的枝。

③剪下的有虫枝条放在空地上待天敌飞出后再烧毁。

（2）生物防治
保护和利用蚧类的天敌，如红缘瓢虫、黑缘红瓢虫和二点红瓢虫等，以发挥其自然控制蚧害的作用。

（3）化学防治
在卵孵化高峰期喷洒如下药剂：40%啶虫·毒死蜱1 500 ～ 2 000倍液；或5.7%甲维盐乳油2 000倍液；或5%吡虫啉乳油1 000倍液；或30号机油乳剂30 ～ 40倍液。7 ～ 10天后再喷1次。

（三）蜡蝉

危害澳洲坚果的蜡蝉类害有白蛾蜡蝉、碧蛾蜡蝉、斑衣蜡蝉等多种，属于半翅目蛾蜡蝉科、蜡蝉科。其成虫、若虫吸食枝条、嫩梢及叶片汁液，使其生长不良，叶片萎缩而弯曲，影响树势生长。另外，其排泄物富含蜜露，易引起煤烟病发生，影响植物光合作用。

1.形态识别特征

（1）白蛾蜡蝉（图8-33）
成虫：体长19.0 ～ 21.3毫米，被白色蜡粉。触角刚毛状，复眼圆形，黑褐色。中胸背板上具3条纵脊。前翅略呈三角形，黄白色，具蜡粉，翅脉呈网状，翅外缘平直，臀角尖而突出。径脉和臀脉中段黄色，臀脉中段分支处分泌蜡粉较多，集中于翅室前端呈一小点。后翅白或淡黄色，半透明。

卵：椭圆形，淡黄白色，表面具细网纹。

若虫：体长8毫米，白色，稍扁平，全体布满棉絮状蜡质物，翅芽末端平截，腹末有成束的粗长蜡丝。

图8-33 白蛾蜡蝉

A.成虫 B.若虫

（2）**碧蛾蜡蝉** 成虫（图8-34）：长6～8毫米，淡绿色。复眼黑褐色，单眼黄色。前胸背板短，前缘中部呈弧形前突达复眼前沿，后缘弧形凹入，背板上有2条褐色纵带；中胸背板长，上有3条平行纵脊及2条淡褐色纵带；前翅长方形，翅脉网状，翅脉黄色，外缘平直，红色细纹绕过顶角经外缘伸至后缘爪片末端。后翅灰白色，翅脉淡黄褐色。

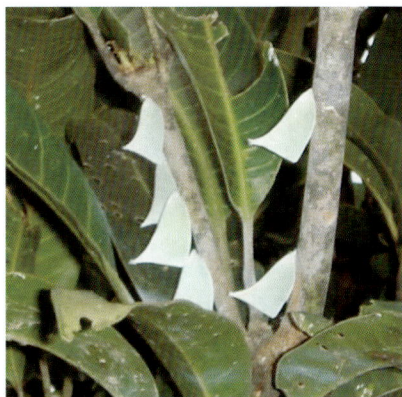

图8-34 碧蛾蜡蝉成虫

卵：纺锤形，乳白色。

若虫：老熟若虫体长形，体扁平，腹末截形，绿色，全身覆以白色棉絮状蜡粉腹末附白色长的绵状蜡丝。

（3）**斑衣蜡蝉** 成虫：雄虫体长14～17毫米，翅展40～45

毫米，雌虫体长18～22毫米，翅展50～52毫米，头顶向上翘起呈短角状，触角刚毛状，3节，红色，基部膨大，前翅革质，基部2/3淡灰褐色，散生20余个黑点，端部1/3黑色，脉纹色淡，后翅1/3红色，上有6～10个黑褐色斑点，中部有倒三角形白色区，半透明，端部黑色，体翅常有粉状白蜡。

卵：长圆柱形，长3毫米，宽2毫米左右，背面两侧有凹入线，使中部形成一长条隆起。

若虫（图8-35）：初孵化时白色，不久即变为黑色，1龄若虫体长4毫米，体背有白色蜡粉形成的斑点，触角黑色，具长形的冠毛。2龄若虫体长7毫米，冠毛短，体型似1龄。3龄若虫体长10毫米，触角鞭节细小，冠毛的长度与触角3节的和相等，4

图8-35　斑衣蜡蝉若虫

龄若虫体长13毫米，体背淡红色，头部最前的尖角、两侧及复眼基部黑色，体足基色黑，布有白色斑点，头部较以前各龄延伸，翅芽明显，由中胸和后胸的两侧向后延伸。

（4）斑点广翅蜡蝉　成虫（图8-36）：虫体呈棕褐色至近黑色，或锈绿色。体长6.0～7.8毫米，翅长10.0～14.0毫米，翅展16.0～18.0毫米。翅面有三斑型和二斑型2种形态，三斑型成虫翅面上有3个透明白斑，一个位于前缘约2/3处，近三角形，一

图8-36　斑点广翅蜡蝉成虫

个位于外缘近顶角处，不规则形，另一个位于翅面中部，小，近圆形，常伴有深褐色宽边；二斑型成虫翅面有2个透明白斑，对比三斑型缺外缘近顶角处的不规则斑。雌虫腹部末端具产卵瓣，雄虫无。

若虫：虫体乳白色或浅褐色，近三角形。若虫5龄。1～2龄若虫无翅芽，复眼上部各有一个橘红色斑。腹部最末端2节具蜡腺，可分泌出1束白色蜡丝。蜡丝数量及长度随龄期增长而增加，受惊或移动时蜡丝常竖起。末龄若虫前胸背板具对称的深色斑块。

2.防治技术

（1）农业防治

①加强果园管理，改善通风透光条件，增强树势。

②剪除有虫枝条，集中烧毁。

③出现白色绵状物时，用竹竿触动致使若虫落地人工捕杀。

（2）生物防治　保护和利用天敌，如大金环胡蜂、草蛉、瓢虫等。

（3）化学防治　成虫盛发期和产卵初期进行喷雾防治，可选药剂有：48%毒死蜱乳油1 000～1 500倍液；或95%机油乳剂50～150倍液；或25%噻嗪酮可湿性粉剂1 000～2 000倍液。

（四）黑蚱蝉

黑蚱蝉又名蚱蝉、知了，属同半翅目蝉科。此虫在全国分布很广，广西各地均有发生，危害多种果树和林木。若虫吸食果树根部的汁液。成虫除刺吸果树枝干上的汁液外，雌虫产卵时，将产卵器插入枝条和果穗枝梗组织内产卵，造成许多机械损伤，严重影响了水分和养分的输送，致使受害枝条枯萎，被害的果穗枯死，造成损失。

1.形态识别特征　成虫（图8-37）：体长38～48毫米，翅展125毫米。体黑褐色至黑色，有光泽，披金色细毛。头部中央和颊的上方有红黄色斑纹。复眼突出，淡黄色，单眼3个，呈三角形排

列。触角刚毛状。中胸背面宽大，中央高突，有X形突起。翅透明，基部翅脉金黄色。前足腿节有齿刺。雄虫腹部第1～2节有鸣器，雌虫腹部有发达的产卵器。

图8-37　黑蚱蝉成虫

　　卵：长椭圆形，稍弯曲，长2.4～2.5毫米，淡黄白色，有光泽。

　　若虫：末龄若虫体长约35毫米，黄褐色或棕褐色。前足发达，有齿刺，为开掘式。

2.防治技术

（1）农业防治

　　①结合修剪，剪除被产卵而枯死的枝条，集中烧毁，以消灭其中大量尚未孵化入土的卵粒。

　　②在树干基部包扎塑料薄膜或透明胶，可阻止老熟若虫上树羽化，滞留在树干周围可人工捕杀或放鸡捕食。

（2）化学防治

　　①5月上旬用5%辛硫磷颗粒剂根施树盘，并翻埋入土，毒杀土中幼虫。

　　②成虫高峰期在树冠喷雾20%甲氰菊酯乳油2 000倍液。

（五）袋蛾

　　袋蛾因其幼虫终生匿居在各自吐丝结缀而成的护囊内，故又称"避债蛾"，属于鳞翅目袋蛾科。危害澳洲坚果的袋蛾类有大袋蛾、茶袋蛾、小袋蛾、蜡彩袋蛾、白囊袋蛾等多种，其以幼虫的头胸部伸出护囊外咬食寄主的叶片、嫩枝外皮和幼芽，发生严重时，可把叶片食光，导致果树枯萎（图8-38）。

图8-38 袋蛾危害状

1.形态识别特征

（1）大袋蛾（图8-39） 成虫：雌雄异型。雌成虫体肥大，淡黄色或乳白色，无翅，足、触角、口器、复眼均有退化，头部小，淡赤褐色，胸部背中央有了条褐色隆基，胸部和第1腹节侧面有黄色毛，第7腹节后缘有黄色短毛带，第8腹节以下急骤收缩，外生殖器发达。雄成虫为中小型蛾子，翅展35 ~ 44毫米，体褐色，有淡色纵纹。前翅红褐色，有黑色和棕色斑纹。后翅黑褐色，略带红褐色；前、后翅中室内中脉叉状分支明显。

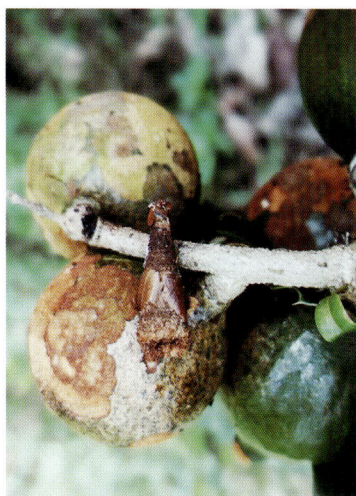

图8-39 大袋蛾

卵：椭圆形，直径0.8 ~ 1.0毫米，淡黄色，有光泽。

幼虫：雄虫体长18 ~ 25毫米，黄褐色，护囊长50 ~ 60毫米；雌虫体长28 ~ 38毫米，棕褐色，护囊长70 ~ 90毫米。头部黑褐色，各缝线白色；胸部褐色有乳白色斑，腹部淡黄褐色；胸足发达，黑褐色，腹足退化呈盘状，趾钩15 ~ 24个。

蛹：雄蛹长18～24毫米，黑褐色，有光泽；雌蛹长25～30毫米，红褐色。

护囊：老熟幼虫袋囊长40～70毫米，丝质坚实，囊外附有较大的碎叶片，也有少数排列零散的枝梗。

（2）茶袋蛾（图8-40）成虫：雄蛾体长11～15毫米，翅展长达20～30毫米。身体与翅膀均为深褐色。雌虫体长12～16毫米，蛆状。头小，腹部肥大，褐色。

卵：椭圆形，长约0.8毫米，宽0.6毫米，乳黄白色。

幼虫：共6龄，少数7龄。成长幼虫体长16～26毫米。头黄褐色，胸腹部内黄色，背部色泽较暗，胸部背面有褐色纵纹2条，每节纵纹两侧各有褐色斑一个。

图8-40 茶袋蛾

蛹：雄蛹长11～13毫米，咖啡色。雌蛹长14～18毫米，咖啡色，蛆状，头小。

护囊：雌虫护囊长约30毫米，雄虫护囊长约25毫米。有许多平行排列整齐的小枝梗黏附在外面。

（3）小袋蛾（图8-41）成虫：雌雄异态，雌成虫体长8毫米左右，纺锤形，无翅，足退化，似蛆状，头小，褐色，胸腹黄白色。雄成虫体长约4毫米，翅展11～13毫米，体茶褐色，体表被有白色鳞毛。

卵：椭圆形，乳黄色。

幼虫：体长9毫米左右，中后胸背面各有4个黑褐色斑，以中间的两个斑纹较大，

图8-41 小袋蛾

腹部第8节背面有2个褐色斑点。

蛹：褐色，腹末有2根断刺。护囊纺锤形，囊外附有碎叶片和小枝，囊端有1根细丝与枝叶相连，雌囊长约12毫米，雄囊短于雌囊。

护囊：纺锤形，枯褐色。成长幼虫的护囊长25～30毫米。护囊以丝缀结叶片、枝皮碎片及小枝梗而成，枝梗整齐地纵列于囊的最外层。

（4）**蜡彩袋蛾**（图8-42）
成虫：雌雄异形。雌蛾口器、复眼、足、翅退化消失，黄白色，圆筒蛆形，体长13～20毫米。雄蛾翅展18～20毫米，头、胸部灰黑色，腹部银灰色。前翅基部白色，前缘灰褐色，余黑褐色；后翅白色，前缘灰褐色。

图8-42 蜡彩袋蛾

卵：长0.6～0.7毫米，椭圆形，米黄色。

幼虫：体长16～25毫米，宽2～3毫米，黄白色，头、各胸腹节毛片及第8～10节腹节背面灰黑色。

蛹：雌蛹圆筒形，黄褐色。雄蛹长9～10毫米，头、胸部、触角、足、翅及腹背黑褐色，各腹节节间及腹面灰褐色。

护囊：尖长圆锥形，长25～50毫米，灰黑色。

（5）**白囊袋蛾**（图8-43） 成虫：雌体长9～16毫米，蛆状，足、翅退化，体黄白色至浅黄褐色微带紫色。头部小，暗黄褐色。触角小，突出。复眼黑色。各胸节及第1、2腹节背面具有光泽的硬皮板，其中央具褐色纵线。体腹面至第7腹节各节中央皆具紫色圆点1个，3腹节后各节有浅褐色丛毛，腹部肥大，尾端收小似锥状。雄体长6～11毫米，翅展18～21毫米，浅褐色，密被白长毛，尾端褐色，头浅褐色，复眼黑褐色球形，触角暗褐色羽状；翅白色透明，后翅基部有白色长毛。

卵：椭圆形，长0.8毫米，浅黄至鲜黄色。

幼虫：体长25～30毫米，黄白色，头部橙黄至褐色，上具暗褐至黑色云状点纹；各胸节背面硬皮板褐色，中、后胸者分成2块，上有黑色点纹；8、9腹节背面具褐色大斑，臀板褐色，有胸腹足。

蛹：黄褐色，雌长12～16毫米，雄长8～11毫米。

图8-43　白囊袋蛾

护囊：灰白色，长圆锥形，长27～32毫米，丝质紧密，上具纵隆线9条，表面无枝和叶附着。

2.防治技术

（1）**农业防治**　人工摘除袋蛾护囊，集中烧毁。

（2）**生物防治**　保护和利用天敌如捕食性的蜘蛛、螳螂、猎蝽和鸟类等，寄生性天敌有姬蜂类、小蜂类、寄生真菌和细菌等。危害较严重时，可施用白僵菌或苏云金杆菌。

（3）**化学防治**　于晴天或阴天下午喷施20%灭幼脲悬胶剂1 000～2 000倍液，或者2.5%溴氰菊酯乳油2 000～3 000倍液等。

（六）刺蛾

危害澳洲坚果的刺蛾类有黄刺蛾、丽绿刺蛾、扁刺蛾等，属于鳞翅目刺蛾科。低龄幼虫取食表皮或叶肉，致叶片呈半透明枯黄色斑块。大龄幼虫食叶呈较平直缺刻，严重的把叶片全部吃光，削弱树势，影响果实品质。

1.形态识别特征

（1）黄刺蛾　成虫（图8-44）：
头、胸部黄色，腹部黄褐色，前翅
内半部黄色，外半部褐色，两条暗
褐色横线从翅尖同一点向后斜伸，
后缘基部1/3处和横脉上各有一个暗
褐色圆形小斑。雌蛾体长15～17毫
米，翅展35～39毫米；雄蛾体长
13～15毫米，翅展30～32毫米。
体橙黄色。前翅黄褐色，自顶角有

图8-44　黄刺蛾成虫

1条细斜线伸向中室，斜线内方为黄色，外方为褐色；在褐色部分
有1条深褐色细线自顶角伸至后缘中部，中室部分有1个黄褐色圆
点。后翅灰黄色。

卵：扁椭圆形，一端略尖，长1.4～1.5毫米，宽0.9毫米，淡
黄色，卵膜上有龟状刻纹。

幼虫：近长方形，黄绿色，背面中央有一紫褐色纵纹，此纹
在胸背上呈盾形；从第2胸节开始，每节是4个枝刺，其中以第3、
4和10节上的较大，每一枝刺上生有许多黑色刺毛。腹足退化，只
有在第1～7腹节腹面中央各有一个扁圆形吸盘。

蛹：椭圆形，粗大。体长13～15毫米。淡黄褐色，头、胸部
背面黄色，腹部各节背面有褐色背板。

茧：椭圆形，质坚硬，黑褐色，有灰白色不规则纵条纹，极
似雀卵，与蓖麻子的大小、颜色、纹路几乎一模一样，茧内虫体
金黄。

（2）褐边绿刺蛾（图8-45）　成虫：体长15～16毫米，翅展
36毫米。雌虫触角褐色，丝状，雄虫触角基部2/3为短羽毛状。胸
部中央有1条暗褐色背线。前翅大部分绿色，基部暗褐色，外缘部
灰黄色，其上散布暗紫色鳞片，内缘线和翅脉暗紫色，外缘线呈

暗褐色。腹部和后翅灰黄色。

卵：扁椭圆形，长 1.5 毫米，初产时乳白色，渐变为黄绿至淡黄色，数粒排列成块状。

幼虫：末龄体长约 25 毫米，略呈长方形，圆柱状。初孵化时黄色，长大后变为绿色。头黄色，非常小，常缩在前胸内。前胸盾上有 2 个横列黑斑，腹部背线蓝色。胴部第 2 至末节每节有 4 个毛瘤，其上生一丛刚毛，第 4 节背面的 1 对毛瘤上各有 3 ~ 6 根红色刺毛，腹部末端的 4 个毛瘤上生蓝黑色刚毛丛，呈球状；背线绿色，两侧有深蓝色点。腹面浅绿色。胸足小，无腹足，第 1 ~ 7 节腹面中部各有 1 个扁圆形吸盘。

图 8-45　褐边绿刺蛾

蛹：长 15 毫米，椭圆形，肥大，黄褐色。包被在椭圆形棕色或暗褐色长约 16 毫米，似羊粪状的茧内。

（3）扁刺蛾

雌成虫：体长 13 ~ 18 毫米，翅展 28 ~ 35 毫米。体暗灰褐色，腹面及足的颜色更深。前翅灰褐色、稍带紫色，中室的前方有明显的暗褐色斜纹，自前缘近顶角处向后缘斜伸。雄蛾中室上角有一黑点（雌蛾不明显）。后翅暗灰褐色。

卵：扁平光滑，椭圆形，长 1.1 毫米，初为淡黄绿色，孵化前呈灰褐色。

幼虫（图 8-46）：老熟幼虫体长 21 ~ 26 毫米，宽 16 毫米，体扁、椭圆形，背部

图 8-46　扁刺蛾幼虫

稍隆起，形似龟背。全体绿色或黄绿色，背线白色。体两侧各有10个瘤状突起，其上生有刺毛，每一体节的背面有2小丛刺毛，第4节背面两侧各有一红点。

蛹：长10～15毫米，前端肥钝，后端略尖削，近似椭圆形。初为乳白色，近羽化时变为黄褐色。茧长12～16毫米，椭圆形，暗褐色，形似鸟蛋。

（4）丽绿刺蛾　成虫：体长10～17毫米，翅展35～40毫米，头顶、胸背绿色。胸背中央具1条褐色纵纹向后延伸至腹背，腹部背面黄褐色。雌蛾触角基部丝状，雄蛾双栉齿状。雌、雄蛾触角上部均为短单相齿状，前翅绿色，肩角处有1块深褐色尖刀形基斑，外缘具深棕色宽带；后翅浅黄色，外缘带褐色。前足基部生一绿色圆斑。

卵：扁平光滑，椭圆形，浅黄绿色。

幼虫（图8-47）：末龄幼虫体长25毫米，粉绿色。身被刚毛，空心，与毒腺相通，内含毒液。背面稍白，背中央具紫色或暗绿色带3条，亚背区、亚侧区上各具一列带短刺的瘤，前面和后面的瘤红色。

图8-47　丽绿刺蛾幼虫

蛹：呈椭圆形。

茧：棕色，较扁平，椭圆或纺锤形。

2.防治技术

（1）农业防治

①及时摘除幼虫群集的叶片。

②成虫羽化前摘除虫茧，消灭其中幼虫或蛹。

③利用黑光灯诱杀成虫；利用成蛾有趋光性的习性，可结合

防治其他害虫，在6—8月的盛蛾期，设诱虫灯诱杀成虫。

④结合整枝、修剪、除草和冬季清园、松土等，清除枝干上、杂草中的越冬虫体，破坏地下的蛹茧，以减少下代的虫源。

（2）生物防治

①每克含孢子100亿的白僵菌粉0.5～1千克在叶片潮湿条件下防治1～2龄幼虫。

②秋冬季摘虫茧，放入纱笼，保护和引放寄生蜂（如紫姬蜂）、寄生蝇。

（3）化学防治

幼虫发生期是防治时期，药剂有：50%辛硫磷乳油1 400倍液；或10%联苯菊酯乳油5 000倍液；或20%菊马（氰戊菊酯与马拉硫磷的复配药剂）乳油2 000倍液；或20%氯马（氯氰菊酯与马拉硫磷的复配药剂）乳油2 000倍液。

（七）尺蛾

尺蛾危害澳洲坚果以幼虫咬食叶片成弧形缺刻，发生严重时，将树新梢吃成光秃，仅留秃枝，致树势衰弱，降低产量。该类害虫有油桐尺蛾、茶尺蛾、油茶尺蛾等，均属于鳞翅目尺蛾科。

1.形态识别特征

（1）油桐尺蛾　成虫：雌成虫体长24～25毫米，翅展67～76毫米。触角丝状。体翅灰白色，密布灰黑色小点。前翅基线、中横线和亚外缘线系不规则的黄褐色波状横纹，翅外缘波浪状，具黄褐色缘毛。足黄白色。腹部末端具黄色绒毛。雄蛾体长19～23毫米，翅展50～61毫米。触角羽毛状，黄褐色，翅基线、亚外缘线灰黑色，腹末尖细。其他特征同雌蛾。

卵：椭圆形，长0.7～0.8毫米，鲜绿色或淡黄色，孵化前变黑色。卵呈块状堆积，表面覆盖黄色绒毛。

幼虫（图8-48）：共6龄。初孵幼虫长2毫米，灰褐色，背线、气门线白色。体色随环境变化，有深褐、灰绿、青绿色。头密布棕色颗粒状小点，头顶中央凹陷，两侧具角状突起。末龄幼虫体长60～72毫米。胸，腹部较粗糙，前胸背面有2个小突起，腹部第8节背面微突，有大小4个突起，气门紫红色心。

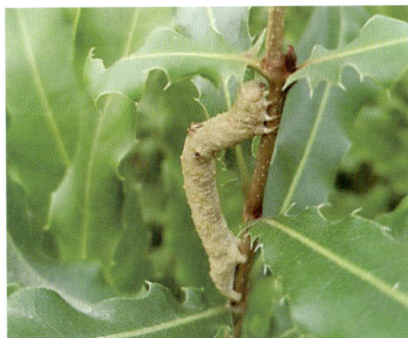

图8-48　油桐尺蛾幼虫

蛹：圆锥形，体长19～27毫米，黑褐色，头顶有1对黑褐色小突起，翅芽达第4腹节后缘。腹末背侧亦有1对突起，臀棘基部膨大，端部针状。

（2）茶尺蛾　成虫：体长9～12毫米，翅展20～30毫米。全体灰白色，头胸背面厚被鳞片和绒毛，翅面疏被黑褐色鳞片，前翅具黑褐色鳞片组成的内横线、外横线、亚外缘线、外缘线各一条，弯曲成波状纹，外缘线色稍深，沿外缘具黑色小点7个。外缘及后缘有灰白色缘毛；后翅稍短，外缘生有5个黑点，缘毛灰白色。足灰白色，杂有黑色鳞片，中足胫节末端、后足中央及末端各生距1对。

卵：长1毫米，椭圆形。初绿色，后变灰褐色，孵化前为黑色。

幼虫（图8-49）：初孵幼虫黑色，体长1.5毫米，头大，胸腹部各节均具白纵线及环列白色小点。1龄幼虫后期体褐色，白点白线逐渐消失；2龄幼虫体长4～6毫米，体黑褐色，白点白线消失，腹部第1节背面具2个不明显的黑点，第2节背面生2个较明显的深褐色斑纹；3龄幼虫体长7～9毫

图8-49　茶尺蛾幼虫

米，茶褐色，腹部第1节背面的黑点明显，第2节背面有一黑纹呈"人"字形，第8节背面亦有不明显的倒"人"字形黑纹；4龄幼虫体长13～16毫米，浅茶褐色，腹部2～4节背面具不明显的灰黑色"回"字形斑纹，第6节两侧生两个不明显的黑纹，第8节背面倒"人"字形斑纹明显，并有小突起一对；5龄幼虫体长18～22毫米，灰色，体背斑纹与4龄幼虫相近，但较4龄幼虫明显。

蛹：长10～14毫米，长椭圆形，雄蛹较小。赭褐色，头部色较暗。触角与翅芽达腹部第4节，第5腹节前缘两侧各具眼状斑一个。

（3）油茶尺蛾　成虫：枯灰色，体长14～20毫米，翅展30～36毫米。前翅狭长，外线和内线隐约可见，较翅底色略深，后翅外线较直。前翅长27毫米，体灰褐色，杂生黑、白及灰黄色1鳞片；一般雄蛾体色浅，雌蛾体色深。雌蛾触角丝状，腹部膨大，末端丛生黑褐色毛；雄蛾触角双栉形，腹部末端较尖细。前翅狭长，内、外线清楚，中线、亚缘线隐约可见，此4条线呈黑褐色，外缘有6～7个斑点；后翅短小，外线黑褐色，隐约可见。前、后翅外线外侧附近到翅基有一层粉白散敷在枯灰上面。

卵：近圆形，细小，初产时草绿色，以后逐渐变为黄褐、黑褐色。

幼虫（图8-50）：老熟幼虫体长50～60毫米，黄褐色，杂有黑褐色斑点，头顶中央凹陷。

蛹：圆锥形，棕褐色，体具细点刻；头部细小，有两个角状突起；腹末两侧具两个小突，有分叉的臀棘1根。

图8-50　油茶尺蛾幼虫

2.防治技术

（1）农业防治

①通过松土等方法消灭地下的虫蛹。

②个别枝条发生时人工捕杀幼虫，并刮去叶面上的卵。

③利用黑光灯诱杀成虫。

（2）生物防治

①将刮下的卵块或挖起的蛹收集放置寄生蜂保护器内，让天敌羽化飞回林内再将卵及蛹消灭。

②于幼虫期喷洒每毫升含2亿～4亿个孢子的苏云金芽孢杆菌；或者每毫升含1亿个孢子的白僵菌液；或者每克含100亿个孢子的白僵菌粉剂均有良好的防治效果。

（3）化学防治

幼虫4龄前进行喷雾防治，药剂有20%氰戊菊酯乳油或2.5%溴氰菊酯乳油2 500倍液等。

（八）夜蛾

危害澳洲坚果的夜蛾类有斜纹夜蛾、赘巾夜蛾等，属于鳞翅目夜蛾科，其以幼虫咬食新梢嫩叶，削弱树势，影响果树生长。

1.形态特征识别

（1）斜纹夜蛾　成虫：体长14～20毫米，翅展35～46毫米，体暗褐色，胸部背面有白色丛毛，前翅灰褐色，花纹多，内横线和外横线白色、呈波浪状、中间有明显的白色斜阔带纹，所以称斜纹夜蛾。

卵：扁平半球状，初产黄白色，后变为暗灰色，块状黏合在一起，上覆黄褐色绒毛。

幼虫（图8-51）：成熟体长33～50毫米，头部黑褐色，胸部多变，从土黄色到黑绿色都有，体表散生小白点，各腹两侧有近似三角形的半月黑斑1对。

蛹：长15～20毫米，圆筒形，红褐色，尾部有一对短刺。

（2）**赘巾夜蛾** 成虫：体长21～23毫米，翅展58～60毫米。头、胸部褐黄色；腹部淡褐黄带灰色。前翅淡黄色，布有棕色细点，中线直向内斜，外线不清晰微弯，中、外线间色较淡，亚端线不清晰，锯齿形内斜，端线为一列黑点，翅端尖而稍外伸，缘毛微白。后翅淡黄微带褐色，亚端区有一黑棕色宽带在2脉后窄。

卵：半球状，灰黄色。

图8-51 斜纹夜蛾幼虫

图8-52 赘巾夜蛾幼虫

幼虫（图8-52）：成熟体长30～45毫米，头黄褐色，体背黑褐色，体表散生小白点，各腹两侧气门下线呈一条白线纵带。

蛹：长12～20毫米，圆筒形，褐色。

2.防治技术

（1）**农业防治** 加强果园水肥管理，增强坚果树长势，提高抗虫害能力。

（2）**物理防治**

①有条件的果园利用黑光灯、频振灯诱杀成虫。

②利用性诱剂诱捕成虫。

（3）**生物防治**

①保护和利用天敌，卵期有广赤眼蜂、广大腿小蜂、黑卵蜂等，在成虫出现高峰期放蜂。

②施用微生物制剂。在卵孵化盛期，气温20℃以上的晴天下午5点后或阴天可施用每克含62亿活孢子的青虫菌粉600倍液，或者每克含100亿孢子苏云金杆菌乳剂500倍液。

③施用植物源药剂。在卵孵化盛期喷洒0.5%印棟素乳油；或1%苦皮藤素乳油；或0.6%苦参碱水剂800～1 000倍液。

（4）化学防治 在低龄幼虫高峰期喷洒5%甲维盐水乳剂；或20%甲维·茚虫威悬浮剂800～1 000倍液；或50%氰戊菊酯乳油4 000～6 000倍液；或2.5%高效氯氟氰菊酯；或2.5%联苯菊酯乳油4 000～5 000倍液；或20%甲氰菊酯乳油3 000倍液；或2.5%灭幼脲；或5%氟虫脲2 000～3 000倍液，隔7～10天施用1次，共2～3次。

（九）象甲

主要有绿鳞象甲、小绿象甲等，属鞘翅目象甲科。成虫啃食果树幼芽、嫩叶以及嫩枝，甚至咬断新梢、花序梗和果柄，能吃尽叶片，严重时还啃食树皮，影响树势或使全株枯死。

1.形态识别特征

（1）绿鳞象甲 成虫（图8-53）：体纺锤形，长15～18毫米，黑色，密被黄绿、蓝绿色具光泽鳞毛。头连同头管与前胸等长，额及头缘扁平，背中有一宽深纵沟，直至头顶，两侧还有浅沟。复眼椭圆形，

图8-53 绿鳞象甲成虫

黑色突出。前胸背板前缘狭，后缘宽。小盾片三角形。鞘翅以肩部最宽，翅缘向后弧形渐狭，上有10列刻点。雌虫腹部较大，雄虫较小。

卵：椭圆形，长1.2～1.5毫米，黄白色，孵化前呈黑褐色。

幼虫：初孵时乳白色，成长后黄白色，长15～17毫米，体肥多皱，无足。

蛹：裸蛹。长约14毫米，黄白色。

（2）**小绿象甲** 成虫（图8-54）：体长6～9毫米，肩宽2.5～3毫米。体灰褐色，体表被浅绿、黄绿色鳞粉。触角细长，9节，柄节最长。鞘翅上各有由刻点组成的10条纵行沟纹。前足比中、后足粗长，腿节膨大粗壮；足的跗节均为4节。

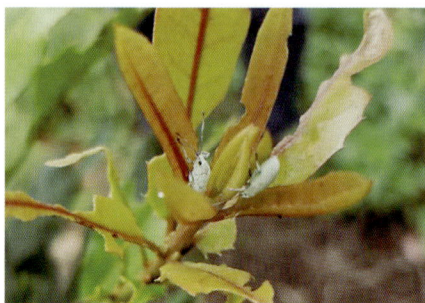

图8-54　小绿象甲成虫

卵：椭圆形，长1.0～1.2毫米，黄白色。

幼虫：初孵时乳白色，成长后黄白色，长10～12毫米，体多皱。

蛹：裸蛹长约10毫米，黄褐色。

2.防治技术

（1）**农业防治**

①结合秋末施基肥，耕翻土壤，破坏幼虫在土中的生存环境，冬季浅耕破坏成虫的越冬场所。

②在成虫发生期，利用其假死性进行人工捕捉，先在树下铺塑料布，振落后收集消灭。

（2）**生物防治**　喷洒每毫升含0.5亿活孢子的白僵菌对该虫具有一定的防效。

（3）**化学防治**　成虫盛发期树上喷48%毒死蜱1 000倍液，或2%阿维菌素乳油2 000倍液。

（十）天牛

危害澳洲坚果的天牛类害虫主要有蔗根天牛、星天牛、褐天牛等，均属于鞘翅目，天牛科。以幼虫钻蛀危害树干基部和主根，常使被害的植株枝叶凋萎，严重时造成树木枯死（图8-55）。

图8-55　天牛幼虫危害状

1.形态识别特征

（1）蔗根土天牛　成虫（图8-56）：体长24～63毫米，棕红色，头部和触角基部棕黑色。雄虫触角长于体长，雌虫触角达鞘翅的1/2，第3～7节外端角突出，前胸背板两侧各具3枚刺突，中刺突最长，后刺突最短。鞘翅表面具纵隆线。

卵：乳黄色，具纵纹。

幼虫：末龄幼虫体长

图8-56　蔗根土天牛成虫

70～90毫米，乳白色。腹部第1～4节具侧盘，第9节最长。肛门3裂片。

蛹：体长30～40毫米，乳白色，翅芽达第3腹节中部。

（2）星天牛　成虫（图8-57）：雌成虫体长36～45毫米，宽11～14毫米，触角超出身体第1、2节；雄成虫体长28～37毫米，宽8～12毫米，触角超身体第4、5节。体黑色，具金属光泽。头部和身体腹面被银白色和部分蓝灰色细毛，但不形成斑纹。触角第1～2节黑色，其余各节基部1/3处有淡蓝色毛环，其余部分黑色。前胸背板中瘤明显，两侧具尖锐粗大的侧刺突。鞘翅基部密布黑色小颗粒，每鞘翅具大小白斑15～20个，排成5横行。

卵：长椭圆形，一端稍大，长4.5～6毫米，宽2.1～2.5毫米。初产时为白色，以后渐变为乳白色。

幼虫：老熟幼虫呈长圆筒形，略扁，体长40～70毫米，前胸宽11.5～12.5毫米，乳白色至淡黄色。前胸背板前缘部分色

图8-57　星天牛成虫

淡，其后为1对形似飞鸟的黄褐色斑纹，前缘密生粗短刚毛，后区有1个明显的较深色的"凸"字纹；前胸腹板中前腹片分界明显。腹部背部泡突微隆，具2横沟及4列念珠状瘤突。

蛹：纺锤形，长30～40毫米，初化之蛹淡黄色，羽化前各部分逐渐变为黄褐色至黑色。翅芽超过腹部第3节后缘。

（3）褐天牛　成虫（图8-58）：体长26～51毫米，体宽10～14毫米。初羽化时为褐色，后变为黑褐色，有光泽，并具灰黄色绒毛。两复眼间有1深纵沟，触角基瘤之前、额中央又有2条弧形深沟，呈括弧状。雄虫触角超过体长的1/3～1/2，雌虫触角较体长略短或等于体长。前胸宽大于长，背面呈较密而又不规则的脑状皱褶，侧刺突尖锐。

卵：椭圆形，长约3毫米，卵壳有网纹和刺突。初产时乳白色，逐渐变黄，孵化前呈灰褐色。

图8-58　褐天牛成虫

幼虫：老熟时体长46～56毫米，乳白色，体呈扁圆筒形。头的宽度约等于前胸背板的2/3，口器上除上唇为淡黄色外，余为黑色。3对胸足未全退化，尚清晰可见。中胸的腹面、后胸及腹部第1～7节背腹两面均具移动器。

蛹：淡黄色，体长约40毫米，翅芽叶形，长达腹部第3节后缘。

2.防治技术

（1）农业防治

①人工清除虫卵，用刀刮除树干上找到产卵裂口，集中销毁。

②成虫出现期人工捕捉成虫，钩杀蛀道幼虫。

③在冬季来临之前，在树干涂白的时候，加入杀虫剂，混合后均匀搅拌成糊糊状，均匀涂刷距地面50～80厘米树干。

（2）生物防治 可在树干蛀洞内注入昆虫病原线虫或绿僵菌，使幼虫感病致死。

（3）化学防治

①用棉球蘸低毒杀虫药剂，沿着虫孔塞入坑道内。

②成虫出现期7～10天喷1次，可连喷2～3次。药剂为20%甲氰菊酯乳油1 500～2 000倍液；或40%毒死蜱乳油800～1 000倍液。

（十一）金龟

危害澳洲坚果的金龟类害虫有华脊鳃金龟、铜绿丽金龟等多种，属鞘翅目金龟科。其成虫咬食澳洲坚果叶片，造成缺刻，影响光合作用；幼虫在土壤中啃食根部，影响树的长势。

1.形态特征识别

（1）华脊鳃金龟 成虫（图8-59）：体长19.5～23毫米。宽9.8～11.8毫米。长椭圆形，棕红或棕褐色。触角10节，鳃片部3节，短小。前胸背板宽大，布致密刻点，点间成纵皱，两侧各有1

个深色小坑；前缘边框光滑，侧缘于后部
2/3处强度钝角状扩突，前侧角近直角形，
后侧圆弧形。小盾片近半圆形。鞘翅有4
条纵脊。前足胫节外缘3齿；后足胫节后
棱有齿突4个，距离匀称，前3齿突较弱
小；后足跗节第1、2节长约相等。

卵：光滑，椭圆形，乳白色。

幼虫：老熟体长约30毫米，体乳白
色，弯成C形，头黄褐色，近圆形。

蛹：体长约22毫米，椭圆形，裸蛹，
褐色。

图8-59　华脊鳃金龟成虫

（2）铜绿丽金龟　成虫（图8-60）：体长19～21毫米，触角
黄褐色，鳃片状。前胸背板及鞘翅铜绿色具闪光，上面有细密刻
点。鞘翅每侧具4条纵脉，肩部具疣突。前足胫节具2外齿，前、
中足大爪分叉。

卵：光滑，呈椭圆形，乳白色。

幼虫：老熟体长约32毫米，头宽约5毫米，体乳白色，头黄
褐色，近圆形，前顶刚毛每侧各为8根，成一纵列；后顶刚毛每侧
4根斜列。额中例毛每侧4根。肛腹片后部复毛区的刺毛列，列各
由13～19根长针状刺组成，刺毛列的刺尖常相遇。刺毛列前端不
达复毛区的前部边缘。

图8-60　铜绿丽金龟成虫

蛹：体长约20毫米，宽约10毫米，椭圆形，裸蛹，土黄色，雄末节腹面中央具4个乳头状突起，雌则平滑，无此突起。

2.防治技术

（1）农业防治

①成虫发生期，可实行人工捕杀成虫；春季翻树盘也可消灭土中的幼虫。

②施用腐熟的有机肥；适当翻整果园土壤，清除土壤内幼虫蛴螬。

（2）生物防治　用绿僵菌或白僵菌粉剂、苏云金杆菌、昆虫病原线虫、乳状菌等浇淋根部或浇拌有机肥，对金龟子有明显的抑制作用。

（3）化学防治　发生期危害时采取如下措施。

①在树冠上喷施防治50%杀螟硫磷乳油1 500倍液；或2.5%溴氰菊酯乳油；或12.5%高效氟氯氰菊酯乳油2 000～3 000倍。

②在树冠下撒施5%辛硫磷或5%毒死蜱颗粒剂，浅锄入土，可毒杀大量潜伏在土中的成虫和幼虫。

（十二）澳洲坚果炭疽病

澳洲坚果的叶片、嫩梢和幼果均可发病，果实炭疽病引起果实成熟前脱落，并降低了果实的质量，同时也危害叶片和树梢，偶尔也危害花絮。

1.症状　叶片：发病初期在叶片上产生暗褐色水渍状不规则形病斑，病斑扩展产生近圆形或不规则形的灰褐色或黑色病斑，病斑上产生黑色小点。在潮湿的环境条件下或人工保湿的条件下，病部产生粉红色黏液状的孢子堆，受害叶枯黄甚至整片叶枯死（图8-61 A）。

花序、嫩梢发病：受害花序枯萎、嫩梢枯死。

果实发病：受害幼果果皮上呈现直径4～19毫米的褐色圆形

病斑，病斑可扩展至全果，导致果皮变黑腐烂，潮湿时病果上产生白色的霉状物（图8-61 B）。病果种壳及种仁不变黑，变黑的幼果易于脱落，个别不脱落的果实挂在树上呈僵果。后期病部长出黑色呈轮纹状排列的小黑点（病菌的分生孢子盘）。

图8-61 澳洲坚果炭疽病的症状

A.叶片上的症状 B.果实上的症状

2.防控措施

（1）加强栽培管理 雨季前修除下垂枝，保持果园透光通风。

（2）药剂防治 发病初期选用多菌灵可湿性粉剂喷雾防治，效果较好；也可用70%甲基硫菌灵可湿性粉剂800～1 000倍液；或40%苯醚甲环唑悬浮剂2 000～3 000倍液等喷雾防治。

（十三）白绢病

1.症状 多从苗期茎基部开始，初期病部呈水渍状褐色，病斑扩展迅速，造成茎基部呈湿腐状；病部及附近土壤产生白色的绢丝状的菌丝层，后期病部及附近土壤产生白色至茶褐色油菜籽状的菌核，病株叶片干枯，造成植株死亡（图8-62）。

2.防控措施 在防治策略上应以农业防治和生物防治为主，药剂防治为辅。

（1）加强种苗的检疫，培育和选用无病的种苗 可选用无病土或消毒土育苗，以获得无病的种苗。

（2）**加强栽培管理**　合理的密植可降低湿度，同时也可减少在园艺操作过程中所造成的伤口；采用轮作，对于发病较为严重的园圃，在条件适宜的条件下可采用轮作；加强水肥管理，增施有机肥，适当增施氮肥，还要注意增施钾肥；加强排水，地下水位高的花圃，应做好开沟排水工作，雨后及时排除积水；清除病株及残体，同时用消石灰或硫黄粉消毒。

（3）**化学防治**　发病初期可用50%克菌丹可湿性粉剂400～500倍液和1%硫酸铜溶液浇根；50%甲基硫菌灵可湿性粉剂或50%多菌灵可湿性粉剂500～600倍液浇灌茎基，隔7天1次。

图8-62　澳洲坚果苗期白绢病的症状

四、7—9月病虫害防治

　　7—9月为澳洲坚果养分积累期、成熟期，防治重点是蛀果害虫、枝干害虫，主要有荔枝异形小卷蛾、桃蛀螟、玳灰蝶海南亚种、咖啡豹蠹蛾等。病害主要有果核斑点病、热害，其他生物危害有鼠害、苔藓等。

（一）荔枝异形小卷蛾

1.形态识别特征 成虫（图8-63 A）：体长6.5 ～ 7.5毫米，翅展16 ～ 23毫米。头顶有一束疏松褐色的毛丛。触角丝状。前翅黑褐色，外缘较直。雌蛾前翅近顶角处有深褐色纹斜，后缘有一个近三角形黑色斑纹，其外围有灰白色边带。后足胫节被褐色疏松长毛，中、端部各有1对距。雄蛾前翅后缘具深褐色纵带。后足胫节和第1跗节具黑、白、黄三色相间的细长浓密鳞毛。

卵：卵粒呈鱼鳞状，3 ～ 4行排列成卵块。

幼虫（图8-63 B）：末龄幼虫体长12 ～ 13毫米，宽2.5 ～ 3.0毫米，头部和前胸背板褐色，背部粉红色，腹面淡白色。

蛹：体长10.5毫米，宽约2.8毫米；属被蛹，有椭圆形丝质薄茧。腹部第2 ～ 7节背面的前、后缘各有一列刺状突；第8、9节的刺突特别粗大；第10节背面具臀棘3条，肛门两侧各1条。

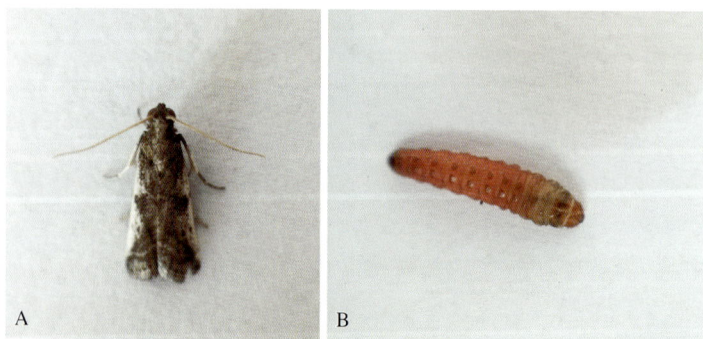

图8-63　荔枝异形小卷蛾
A.成虫　B.幼虫

2.防治技术

（1）农业防治 清理果树下的落叶、落果、树上僵果，园中和四周杂草，是害虫栖息越冬的寄主，在冬进行清除或深埋，减少次年的虫源。及时拣除落果并摘除病虫果集中销毁，以消灭果中幼虫。

（2）生物防治　天敌有松毛虫赤眼蜂、寄生性小茧蜂和姬蜂等，可加以保护利用。

（3）化学防治　在成虫产卵盛期、卵孵期，每隔10～15天对果实喷1次20%氯虫苯甲酰胺悬浮剂5 000倍液；或50%灭幼脲悬浮剂1 500倍液；或10%吡虫啉乳油3 000倍液。

（二）桃蛀螟

桃蛀螟又称桃斑螟、桃蛀心虫或桃蛀野螟，隶属于鳞翅目草螟科。该虫以幼虫蛀食澳洲坚果果实危害，幼虫孵化后多从果蒂部或果与叶及果与果相接处蛀入，果实幼嫩时可蛀进果仁危害，种壳变硬后一般只危害果肉部分（图8-64 A）。被害果实有蛀孔（图8-64 B），外面有褐色粪便黏结，果内也充满虫粪。幼虫可转果危害，一只幼虫可危害果实2～3个，老熟后多在果柄处或两果相接处结茧化蛹。

图8-64　桃蛀螟危害状

1. 形态识别特征　成虫（图8-65 A）：体长9～14毫米，翅展20～26毫米，全体橙黄色，胸部、腹部及翅上有黑色斑点。前翅散生25～30个黑斑，后翅14～15个黑斑。腹部第1节和第3～6节背面各有3个黑点。雄蛾尾端有一丛黑毛，雌蛾不明显。

卵：椭圆形，长0.6～0.7毫米。初产时乳白色，孵化前红褐色。

老熟幼虫（图8-65 B）：体长15～20毫米，体背多暗红色，也有淡褐、浅灰、浅灰蓝等色，腹面多为淡绿色，头暗褐色，前胸背板黑褐色。各体节具明显的黑褐色毛片，背面毛片较大，腹部1～8节各节气门以上具有6个，成两横列，前排4个椭圆形，中间两个较大，后排两个长方形。腹足趾钩为三序缺环。

蛹：长约10～15毫米，淡褐色，尾端有臀棘6根，外被灰白色薄茧。

图8-65　桃蛀螟

A. 成虫　B. 幼虫

2. 防治技术

（1）农业防治　早春刮除主干大枝杈处的老翘皮，压低越冬幼虫数量。

（2）物理防治

①每50亩安装1盏黑光灯诱杀成虫。

②化蛹场所诱杀：9月上旬在主干、主枝每隔50厘米绑圈草

把，诱集幼虫越冬集中销毁。

③用性诱剂、糖醋液诱杀成虫。

（3）生物防治 保护和利用其天敌，如黄眶离缘姬蜂、广大腿小蜂等。

（4）化学防治 成虫高峰期使用5%氰戊菊酯乳油1 500倍液；或2.5%高效氯氟氰菊酯水乳剂2 000倍液；或1%甲氨基阿维菌素苯甲酸盐微乳剂2 000倍液；或1%甲维盐微乳剂2 000倍液＋25%灭幼脲悬浮剂1 500倍液喷雾防治，药剂轮换使用。

（三）玳灰蝶海南亚种

玳灰蝶海南亚种又名恒春小灰蝶，属鳞翅目灰蝶科玳灰蝶属。

1.形态识别特征 成虫（图8-66）：体长12～15毫米，翅展35～40毫米。触角棒状，黑色，鞭节基部白色，端部红褐色。下唇须白色，顶端黑色。虫体密布短毛，背面灰褐色，腹面灰白色。雄蝶翅背面灰褐色，前翅中部M3、Cu1、Cu2室和臀域基部橙红色，后翅亚外缘橙红色，其内脉纹黑色，M3、Cu1、Cu2室有橙红色条纹，外缘线黑色；后翅臀角具假眼纹、中心有1个黑点，尾突细长黑色。翅腹面浅灰褐色，中横带均附有浅色边，贯穿前后翅，亚外缘有1条细横线，呈不明显白色波状纹；后翅外缘第2室有1个外围橙色环状黑斑，臀角内侧有白色和绿色斑状物，臀角黑色。雌蝶正面灰褐色，无斑纹；翅反面浅灰褐色，斑纹同雄蝶。腹部各节基部白色至灰色的短毛，每节有2个黑斑，最后一节有1个黑斑。

卵：扁圆形，浅灰色，直径1.0毫米左右，表面密布环形排列的扁平颗粒状凸起和规则的网状花纹。

幼虫（图8-67）：老熟体长19～22毫米，扁圆筒形，中间厚而边缘薄，体躯分节明显，体背密布短毛，头壳黄色，头部常缩于胸部下方，体灰黑色，背中线黑色，背中线至亚背线间有明显的灰黑色斑纹。气门灰黑色。肛板呈扁平状，浅灰色。

蛹：长14～17毫米，宽3～5毫米。短圆形胶囊状，后节腹节较粗。化蛹初期背部为浅棕红色，后期背部为深棕色，布满白色短毛，腹面灰白色。

图8-66　玳灰蝶海南亚种成虫
(引自王敏)

图8-67　玳灰蝶幼虫及其危害状

2.防治技术

（1）农业防治　清理果树下的落叶、落果、树上僵果，园中和四周杂草，这些是害虫栖息越冬的地方，在冬进行清除或深埋，减少次年的虫源。及时捡除落果并摘除虫果集中销毁，以消灭果中幼虫。

（2）化学防治　在成虫产卵盛期、卵孵期，每隔10～15天对果实喷1次20%氯虫苯甲酰胺悬浮剂5 000倍液；或50%灭幼脲悬浮剂1 500倍液；或1.8%阿维菌素乳油1 500倍液。

（四）咖啡豹蠹蛾

咖啡豹蠹蛾属鳞翅目木蠹蛾科，以幼虫钻蛀寄主植物的枝干木质部，造成枝条干枯，危害幼树干，造成幼苗死亡。

1.形态识别特征　
成虫：体较小，灰白色。雄体长14～21毫米，翅展30～34毫米；雌体长18～25毫米，翅展28～45毫米。

头部小，复眼大，黑色，球形。下唇须短小，黄褐色，仅达复眼中部。触角黑褐色，雄虫的基半部双栉状，栉齿细长，端半部细齿状；雌虫的基半部丝状。胸部具白色长绒毛，背面有3对青蓝色圆点。翅灰白色，在翅脉间密布大小不等的青蓝色短斜纹，雌虫的清晰，雄虫的模糊；前翅的比后翅的明显；后缘及脉端的斑纹显著。前足胫节突几乎与胫节等长；中、后足胫节各具端距1对，跗节黑色。腹部灰白色，背面中央、两侧共有5列青蓝色斑点；第8节背面青蓝色。

卵：椭圆形，长径不足1毫米，短径约0.6毫米，淡黄白色，以后颜色略有加深。

幼虫（图8-68）：初孵幼虫体长1～1.5毫米，头部深紫色，胸腹部淡红色。老熟时体长30～40毫米，体红至紫红色。胸部以前胸为最大。前胸背板黄褐色，略呈梯形，前缘有4个小缺刻，背面中央有一浅细纵线，背板前半部有黑褐色翼状纹伸向两侧，后半部近后缘有深褐色的横列小齿4行，第1行小齿成弧形向中部凸出，第2行微成弧形向前凸。第1、2行的小齿皆以中间几齿最大。腹足趾钩双序环式，臀足的为单序横带式。

图8-68　咖啡豹蠹蛾幼虫

蛹：体呈长圆筒形，褐红色，长19～25毫米，头部先端有一上下略扁的突起，形似鸟喙。胸部背面略隆起，以中胸最长。腹部第2～8节均有小刺横列，除第2和第8节仅有1例外，其余各节皆为2列。腹末有臀棘6对。

2.防治技术

（1）人工防治　结合果园管理，剪除被害枝条，更换枯死小苗。用铁丝钩除虫粪木屑形成的隧道，刺杀坑道内幼虫和蛹。

（2）**生物防治**　在低龄幼虫期，可在隧道处喷洒白僵菌水剂。

（3）**化学防治**

①药物堵住幼虫坑道孔口。常巡视果园，发现幼虫坑道，即用棉花蘸80%敌敌畏乳油100倍液或50%辛硫磷乳油100倍液堵塞孔口，或灌注坑道后，用黏土塞孔口，杀死幼虫。

②在低龄幼虫盛期，选用2.5%溴氰菊酯乳油2 000倍液，或4.5%高效氯氟氰菊酯乳油2 000倍液，在下午或傍晚喷湿隧道或隧道附近枝干的表皮。

（五）澳洲坚果果核斑点病

1.症状　发病初期，在果实表面产生淡黄色的斑点，随着病斑扩展，病斑变成圆形的暗褐色至黑褐色斑，剖开果皮后，果壳产生黄红色至红褐色的病斑（图8-69）。病果表皮开裂。湿度大时，果皮表面产生灰色的霉层。

图8-69　果核斑点病的症状

2.防控措施

（1）**农业防治**　合理种植密度、合理修剪，提高田间的通风透光，降低果园的湿度。

（2）**降低病原菌的数量**　在收获的过程中，尽可能将树上的不良果实清理干净，以减少病原菌的数量。

（3）**化学防治**　在幼果豌豆大小时开始喷药，可以选用多菌灵、苯醚甲环唑、吡唑醚菌酯、丙环唑、烯唑醇和氟硅唑等药剂进行喷施。每月1次，连施3次，喷药要彻底全面覆盖果实。

（六）热害

1.症状 热害澳洲坚果幼嫩叶子遇到高温（超过35℃）及干、热天气会出现热反应，根据品种以及果树的状况不同，叶子表现出卷曲、不规则发黄卷曲和黄化等现象，甚至出现叶缘乃至整张叶片变焦枯脱落（图8-70）。短期的高温对幼龄树有一定影响，不会对结果树的产量及质量产生明显影响，当温度下降，黄化的嫩叶会转绿，光秃的枝条重新抽芽、长出绿叶。

图8-70 叶片高温黄化和焦枯

2.防控措施

①加强水肥管理，增强幼树的抗逆性，在高温天气到来之前，可通过喷施叶面肥促使叶片老化以抵抗高温。

②果园适度留草，降低果园温度。

③对于变焦的叶片可通过剪除或喷施杀菌剂防止次生病害的发生。

（七）鼠害

随着澳洲坚果种植面积的扩大，鼠害越来越严重（图8-71），鼠害是全世界澳洲坚果的种植难题，没有比较彻底的防治方式，只能通过综合措施进行防治：

①保持果园干净，果园草不宜留过高，清理园内枯枝及旧的坚果，在果园外围一圈留一条10米的开阔地带，阻止老鼠进入果园。

②清除园内及附近的老鼠巢。

③饲养狗或猫等老鼠的天敌。

④利用老鼠舔爪的习性，在树干上涂抹膏状无味老鼠药（图8-72）。

⑤投放灭鼠诱饵。

⑥果实成熟期用塑料薄膜厚0.1毫米以上，宽50厘米包树主干，或者在主干上套塑料罩或铁皮罩，阻止老鼠上树。

图8-71　老鼠危害状

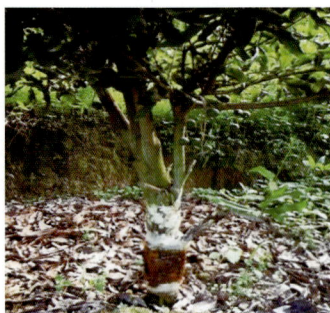

图8-72　树干涂膏状鼠药

（八）苔藓

青苔附生在叶片上影响叶片的光合作用，同时影响堵塞叶片气孔，造成叶片提早衰弱而落叶；附生在茎干上吸收茎干表面的水分，导致树体衰弱。主要发生在老树、地势低洼、管理粗放、不及时修剪的果园。发病多在茎干上发生，也有在叶片上发生（图8-73）。

图8-73 青苔危害茎干和叶片

防治方法

（1）**农业防治** 抓好果园修剪工作，增强果园的通风透光性；及时割除田间杂草，降低果园的湿度。增施有机肥，增强澳洲坚果的树势，提高其抗病性。

（2）**药剂防治** 可选用80％乙蒜素乳油1 000 ～ 1 500倍液或0.1％硫酸铜溶液，或45％石硫合剂结晶300 ～ 500倍液或30％氧氯化铜悬浮液600倍液涂抹在茎干上或喷施在叶片上，或用10％～ 15％石灰乳涂抹在树干上。

五、10—12月病虫害防治

此时期主要是坚果采后管理，可结合整形修剪、施肥、清园等管理工作防治坚果蛀干害虫、地下害虫、整株病害等，主要防治病虫害有坚果环蛀扁蛾、荔枝拟木蠹蛾、相思拟木蠹蛾、白蚁、茎秆溃疡病、衰退病等。

（一）坚果环蛀蝙蛾

坚果环蛀蝙蛾是一种鳞翅目蝙蝠蛾科的害虫，以幼虫环蛀澳洲坚果苗木和幼树茎基部皮层，在距地面3 ～ 5厘处环蛀幼树韧皮部，将其全部吃光，直接切断植株输导组织，致使苗木和幼树茎基树皮环状受害而枯死（图8-74）。

1.形态识别特征 老熟幼虫长35毫米，圆筒形，棕褐白色相间色带，头部半圆形，黑褐色，头顶有脊状隆起皱纹。体躯各节背面具3个深褐色瘤状突起，呈"品"字形排列。

图8-74 环蛀扁蛾危害状

2.防治措施

（1）农业防治

①结合果园冬季管理，利用涂白剂对近地面50厘米高的树干涂白。

②人工钩除树干基部树皮的幼虫。

（2）化学防治 可用48%毒死蜱乳油1 000～1 500倍液；或20%杀灭菊酯2 000～4 000倍液；或80%敌敌畏乳油800倍液喷雾澳洲坚果树干和根部，杀死幼虫。

（二）荔枝拟木蠹蛾

1.形态识别特征 成虫：雌虫体长10～15毫米，翅展20～37毫米，体灰白色。前翅密布灰褐色横向斑纹，中部具1个较大的黑色斑。后翅灰白色。雄虫体长11.0～12.5毫米，翅展23～27毫米，体和翅均为黑褐色，前翅中部色较淡，有许多黑褐色横向波纹，中部亦具1黑斑。

卵：扁椭圆，乳白色，长0.9～1.1毫米，宽约0.7毫米。卵块鳞片状，外披黑色胶状物。

幼虫（图8-75）：头部及体期黑色，老熟幼虫体长26～34毫米。头部单眼，每侧6个，其中第4～6个列成近等边三角形。各腹节相接处灰白色。

蛹：体长14～17毫米，深褐或黑褐色，头顶两侧各具1个略分叉的粗大凸起。

图8-75　荔枝拟木蠹蛾幼虫

2.防治技术

（1）**人工防治**　用铁丝钩除虫粪木屑形成的隧道，刺杀坑道内幼虫和蛹。

（2）**生物防治**　在低龄幼虫期，可在隧道处喷洒白僵菌水剂。

（3）**化学防治**

①药物堵住幼虫坑道孔口。常巡视果园，发现幼虫坑道，即用棉花蘸80%敌敌畏乳油100倍液或者50%辛硫磷乳油100倍液堵塞孔口或灌注坑道。

②在低龄幼虫盛期，选用2.5%溴氰菊酯乳油2 000倍液；或4.5%高效氯氟氰菊酯乳油2 000倍液，在下午或傍晚喷湿隧道或隧道附近枝干的表皮。

（三）相思拟木蠹蛾

1.形态识别特征　成虫：雌虫体长7～12毫米，翅展22～25毫米，体和前翅灰白色。前翅中室有1个黑色斑块，黑斑外有6个近长方形褐斑，前缘具褐斑11个，外缘和后缘各有5～6个灰褐色斑块。后翅灰色，外缘有5个灰色斑。雄蛾黑褐色。

卵：椭圆形，乳白色近透明，表面光滑；卵粒排成鳞状卵块，外被黑褐色胶状物。

幼虫（图8-76）：末龄体长18～27毫米，漆黑色；头部赤褐色，第4、5、6个单眼排列不呈近等边三角形。

蛹：体长12～16毫米，赭黄色；头顶两侧各具1个不分叉的粗大突起，着生方向与体长轴平行。

2.防治技术　参照荔枝拟木蠹蛾防治技术。

（四）白蚁

图8-76　相思拟木蠹蛾幼虫

危害澳洲坚果的白蚁主要有黑翅土白蚁、黄翅大白蚁、台湾乳白蚁（家白蚁）等。其工蚁藏匿于用泥土做泥背或泥线的下面，啃食坚果树皮、浅木质层和根部，当侵入木质部后，易给寄主造成伤口，引起真菌入侵，严重时树干枯萎，尤其极易造成幼苗死亡（图8-77）。

图8-77　白蚁危害状

1.形态特征

（1）黑翅土白蚁　蚁王：体较大，翅易脱落，体壁较硬，体略有收缩。

蚁后：体长70～80毫米，体宽13～15毫米，无翅，色较深。体壁较硬，腹部特别大，白色腹部上呈现褐色斑块。

　　有翅繁殖蚁：体长12～16毫米，全体呈棕褐色；翅展23～25毫米，黑褐色；触角11节；前胸背板后缘中央向前凹入，中央有一淡色"十"字形黄色斑，两侧各有一圆形或椭圆形淡色点，其后有一小而带分支的淡色点。

　　兵蚁：体长5～6毫米；头部深黄色，胸、腹部淡黄色至灰白色，头部发达，背面呈卵形，长大于宽；复眼退化；触角16～17节；上颚镰刀形，在上颚中部前方，有一明显的刺。前胸背板元宝状，前窄后宽，前部斜翘起。前、后缘中央皆有凹刻。兵蚁有雌雄之别，但无生殖能力。

　　工蚁（图8-78）：体长4.6～6.0毫米。头部黄色，近圆形。胸、腹部灰白色；头顶中央有一圆形下凹的肉；后唇基显著隆起，中央有缝。

　　卵：长椭圆形，长约0.8毫米，乳白色，一边较为平直。

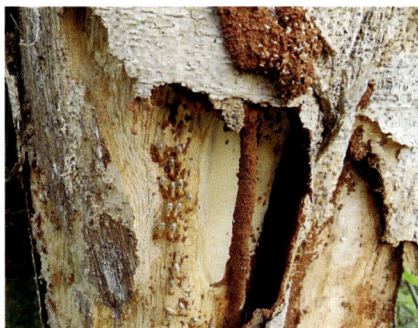

图8-78　黑翅土白蚁工蚁及其危害状

　　（2）黄翅大白蚁　蚁王、蚁后：由脱翅的雌雄成虫发育而成。在蚁巢中仅见到原始型的蚁王、蚁后，它们是蚁群的创造者和维持者。

　　兵蚁：有大兵蚁、小兵蚁之分。大兵蚁体长10.5～11.0毫米，头呈深黄色，上颚黑色，上颚粗壮，左上颚中点之后有数个不明的浅缺刻及1个较深的缺刻，右上颚无齿。触角17节，第3节长于或等于第2节。前胸背板略狭于头，呈倒梯形，四角圆弧形，前后缘中间内凹。小兵蚁体长6.8～7.0毫米，体色较淡。头卵形，上颚与头的比例较大兵蚁为大，并较细长而直。触角17节，第2节长于或等于第3节。

工蚁（图8-79）：有大工蚁、小工蚁。大工蚁体长6.5毫米。头棕黄色，触角17节，第2～4节大致相等。前胸背板约相当于头宽之半，前缘翘起，中胸背板较前胸略小。小工蚁体长4.16～4.44毫

图8-79 黄翅大白蚁工蚁

米，体色比大工蚁浅，其余形态基本同大工蚁。

有翅成虫：体长14～16毫米，翅长24～26毫米。体背面栗褐色，足棕黄色，翅黄色。头宽卵形。复眼及单眼椭圆形，复眼黑褐色，单眼棕黄色。触角19节，第3节微长于第2节。前胸背板前宽后窄，前后缘中央内凹，背板中央有一淡色的"十"字形纹，其两侧前方有一圆形淡色斑，后方中央也有一圆形淡色斑，前翅鳞大于后翅鳞。

卵：乳白色，长椭圆形，长径0.60毫米，一面较平直，短径0.40毫米。

（3）台湾乳白蚁（家白蚁） 兵蚁：体长5.34～5.86毫米。头及触角浅黄色，卵圆形，腹部乳白色。头部椭圆形，上颚镰刀形，前部弯向中线。左上颚基部有一深凹刻，其前方另有4个小突起，越向前越小。颚面其他部分光滑无齿。触角14～16节。前胸背板平坦，比头狭窄，前缘及后缘中央有缺刻。

有翅成虫：体长7.8～8.0毫米，翅长11.0～12.0毫米。头背面深黄色。复眼近于圆形，单眼椭圆形，触角20节。前胸背板前宽后狭，前后缘向内凹。翅为淡黄色，前翅鳞大于后翅鳞，翅面密布细小短毛。

工蚁（图8-80）：体长5.0～5.4毫米。头淡黄色，胸腹部乳白色或白色。头后部呈圆形，而前部呈方形。触角15节。前胸背板

前缘略翘起。腹部长，略宽于头，被疏毛。

卵：长径0.6毫米，短径0.4毫米，乳白色，椭圆形。

2.防治技术

（1）农业防治 对新开的果园，定植果苗

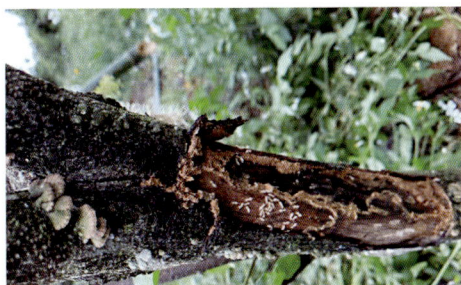

图8-80 台湾乳白蚁工蚁及其危害状

前，在种植坑穴中施放适量石灰、草木灰或火烧泥土，可减少白蚁侵害苗木；清理坚果园的枯枝，集中运出园外。

（2）生物防治 白蚁的天敌有蜘蛛、蚂蚁、蜻蜓、青蛙、鸟类等，可加以保护和利用。

（3）化学防治

①在蚁害较多的果园、苗圃，尤其是开垦荒地的新果园，常检查蚁情，一旦发现有蚁害，及时用药喷淋蚁巢、蚁路或受害植株根茎，可用40%辛硫磷乳油500～600倍液，或48%毒死蜱乳油1 000～1 500倍液。

②在泥路上每隔2～3米挑开泥背线撒施灭蚁粉剂。

③危害严重的果园，每隔20米放1条灭蚁饵条。从3月开始，1月施放1次，下雨淋湿后重放。

（五）澳洲坚果茎秆溃疡病

1.症状 该病侵染澳洲坚果的茎基部、茎干及主枝，导致树势变弱、枝干枯死甚至整株死亡。近地面的茎干或枝条先染病，发病部位树皮变褐、变硬，形成层坏死。病健分界明显，继而病斑中央凹陷，渗出暗褐色黏胶状物，表面严重皱缩，形成溃疡斑。树皮下的木质部变褐色，后期病部树皮开裂；病斑扩大环绕茎干或侧枝一周后，病树叶片褪绿，无光泽，长势差，变矮小，同时出现部分落叶及落果现象，重病树枝条枯死或整株死亡（图8-81）。

2.防控措施 该病害的防治的原则是遵循"选用无病种苗，加强田间水肥管理，以药剂防治为辅"的综合防治的原则。

（1）源头防控 培育无病种苗和培育抗病品种。

（2）加强栽培管理 选择排水良、雨季不积水的地块种植，最好未种过油梨的地块种植澳洲坚果；大田定植前彻底

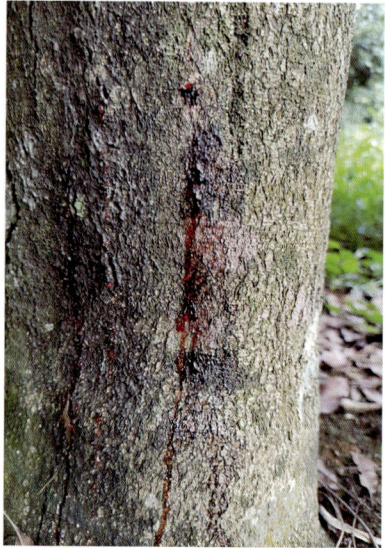

图8-81 茎秆溃疡病症状

清除发病严重或已死亡的病树苗；定植时不宜种得太深；避免对澳洲坚果的茎干和枝条造成伤口。

（3）病树治疗 对已发病较轻的病树，可先进行重度修剪，然后彻底刮除溃疡斑处已坏死的树皮和木质部组织，同时用氧氯化铜泥浆（25克/升）或石硫合剂涂封伤口并包扎。病区在雨季来临前用80%波尔多液可湿性粉剂，或70%甲基硫菌灵800～1 000倍液等喷雾树干，可预防此病的发生。对于发病死亡的病树，应连同病根彻底清除，土壤用石灰撒施表面消毒，进行暴晒数周后重新补种。

（六）澳洲坚果衰退病

澳洲坚果衰退病包括速衰病和慢衰病，引起发病的原因较为复杂，包括由多种侵染性病原和非侵染性病原都可能引起衰退病。该病对澳洲坚果的危害较严重，可导致果园全部毁灭。

1.症状

（1）速衰病的症状

（图8-82）　田间为局部植株发病，发病植株首先嫩梢叶片上褪绿、缺乏光泽，逐渐向下层的老熟叶片扩展，整个枝条上的叶片变红褐色坏死，似火烧状，最后植株干枯死亡，植株死亡快则1个月，慢则数个月。茎基部的树皮变黑褐色，纵切或横切开皮层可见内部木质部呈紫黑色至黑色，并且沿茎干向上和

图8-82　澳洲坚果速衰病症状

向下扩展，病根主根和侧根局部变黑腐烂。

（2）慢衰病的症状

（图8-83）　慢衰型衰退病植株发病后整株衰退，叶片慢慢失绿掉落，通常从植株发病到整株枯死有半年以上时间，甚至个别植株数年才逐渐枯死。

图8-83　澳洲坚果慢衰病症状

2.防控措施　由于澳洲坚果衰退病的原因较为复杂，不仅有侵染性的病原，也有非侵染性病原，其防治应遵循的原则是"加强栽培管理，合理修剪，并辅以药剂防治"。

（1）加强栽培管理　合理施肥，提高植株的抗病性。每株施25～50千克的有机肥，以增加土壤有机质的含量和改善土壤微生物的种群和数量；补施钾、氮、磷和钙等多种元素化肥，根据植株的树龄和大小每株施2～4千克。做好水土保持工作，避免因雨水冲刷造成植株根系的裸露。

（2）树盘覆盖　选用坚果果皮、杂草、作物秸秆等对树冠滴水线外的地面进行5厘米厚的覆盖，也可以用种植"活的覆盖物"如种植绿肥等作为覆盖物，以便利于植株根系的生长，提高植株的抗病性。

（3）合理修枝整形　对于慢性衰退病的症状，可进行重度修剪，同时进一步加强水肥管理，增施有机肥和喷施叶面肥，使树体逐渐恢复。

（4）病株处理　对于发病较快的速衰病，应及时清除病株，病穴采用石灰撒施消毒，并让土壤暴晒5～7天，然后重新补种。

（5）选种抗病品种　新植坚果园要选用抗病品种的砧木嫁接，不种植扦插苗。

参 考 文 献

何进祥，2019. 澳洲坚果优质丰产栽培技术[J]. 热带农业工程(1): 1-3.

何铣杨，赵大宣，莫典义，2004. 澳洲坚果优良株系桂研1号选育初报[J]. 广西热带农业(3):1-3.

陆超忠，肖邦森，孙光明，等，2000. 澳洲坚果优质高效栽培技术[M]. 北京:中国农业出版社:1-4, 27.

李建光，2010. 澳洲坚果幼龄结果树的栽培管理[J]. 云南林业(1): 44-45.

李华，余正梅，2023. 澳洲坚果主要病虫害防治[J]. 世界热带农业信息 (5): 38-39.

罗培四，何新华，韦巧云，等，2017. 澳洲坚果繁育技术研究进展[J]. 中国南方果树，46(3):179-183.

刘明，2017. 武隆区引进澳洲坚果示范栽培管理技术与推广前景浅析[J]. 农业开发与装备(7): 139.

刘建福，黄莉，2005. 澳洲坚果的营养价值及其开发利用[J]. 中国食物与营养，2:25-26.

黎庆钊，2023. 澳洲坚果病虫害及其防治措施[J]. 农村实用技术(11):111-112.

马忠海，2018. 澳洲坚果栽培与管理[J]. 绿色科技(21):119-120.

牛俊乐，黄斌，沈伟，等，2023. 澳洲坚果种苗繁殖技术研究[J]. 中国果菜，43(11):62-66.

施彬，聂艳丽，贺熙勇，2016. 澳洲坚果丰产栽培管理技术[M]. 云南科技出版社: 20-26.

水木, 2013. 澳洲坚果果园选择及管理[J]. 农村实用技术(10): 16-17.

谭德锦, 王文林, 陈海生, 等, 2017. 为害澳洲坚果的蝽象类害虫及防治方法[J]. 农业研究与应用(1):74-78.

谭德锦, 梁锋, 韩凌云, 等, 2017. 澳洲坚果3种木蠹蛾生物学特性分析[J]. 南方农业学报, 48(9):1611-1616.

谭德锦, 王文林, 汤秀华, 等, 2020. 广西澳洲坚果园害虫群落结构及其动态研究[J]. 农业研究与应用, 33(4):48-54.

韦巧云, 邱文武, 王文林, 等, 2020. 适合澳洲坚果间套作的菠萝品种筛选[J]. 湖北农业科学, 59(9):102-104.

王文林, 覃杰凤, 韦持章, 等, 2011. 澳洲坚果品种对蓟马田间抗性评价指标的研究[J]. 江西农业学报, 23(3):102-103, 108.

王文林, 邓慧苹, 肖海艳, 等, 2018. 广西澳洲坚果主要病害调查与防治[J]. 中国热带农业(5):49-51.

王文林, 黎志, 肖海艳, 等, 2018. 广西澳洲坚果主要虫害种类及其防治方法[J]. 南方农业, 12(25):48-50.

徐健, 邱文武, 陈振妮, 等, 2020. 澳洲坚果幼林间作菠萝种植密度的研究[J]. 中国果树(3):81-83, 89.

夏天安, 张善俊, 2016. 澳洲坚果优质丰产的栽培措施[J]. 现代园艺(9): 34.

曾明达, 2018. 澳洲坚果栽培技术与病虫害防治[J]. 农家参谋(24):105.

郑树芳, 王文林, 许鹏, 等, 2020. 澳洲坚果结果树栽培管理技术措施[J]. 中国热带农业(3): 88-89.

郑树芳, 赵大宣, 冯兰, 等, 2008. 不同澳洲坚果品种种子萌发率与嫁接成活率试验[J]. 中国南方果树, 37(6):43-44.

郑树芳, 覃杰凤, 何铣扬, 等, 2011. 10个澳洲坚果品种在广西西南地区的生长结果表现[J]. 中国热带农业(1):53-55.

张金云, 杨光, 宋杰, 等, 2023. 养分平衡法在澳洲坚果配方施肥中的应用[J]. 南方农业(4): 36.

张晓梅, 2009. 德宏州澳洲坚果优质高产栽培技术[J]. 中国果菜(3):8-9.

图书在版编目（CIP）数据

澳洲坚果周年管理技术 / 王文林编著. -- 北京：
中国农业出版社，2024.8. -- ISBN 978-7-109-32346-9

Ⅰ.S664.9

中国国家版本馆CIP数据核字第2024AQ1217号

AOZHOU JIANGUO ZHOUNIAN GUANLI JISHU

中国农业出版社出版

地址：北京市朝阳区麦子店街18号楼
邮编：100125
责任编辑：陈沛宏　黄　宇
版式设计：杨　婧　　责任校对：吴丽婷　　责任印制：王　宏
印刷：中农印务有限公司
版次：2024年8月第1版
印次：2024年8月北京第1次印刷
发行：新华书店北京发行所
开本：880mm×1230mm　1/32
印张：5
字数：130千字
定价：60.00元